大数据技术及人工智能专业应用型教材

Python 程序设计

主 编◎沙晓艳
参 编◎王 玲 肖 宁
牟力科 邹 锰

PYTHON
CHENGXU
SHEJI

北京师范大学出版集团
BEIJING NORMAL UNIVERSITY PUBLISHING GROUP
北京师范大学出版社

图书在版编目(CIP)数据

Python 程序设计/沙晓艳主编. —北京：北京师范大学出版社，2021.4

(大数据技术及人工智能专业应用型教材)

ISBN 978-7-303-26719-4

Ⅰ. ①P… Ⅱ. ①沙… Ⅲ. ①软件工具－程序设计 Ⅳ. ①TP311.561

中国版本图书馆 CIP 数据核字(2021)第 003388 号

营销中心电话　010-58802181　58805532
北师大出版社科技与经管分社　www.jswsbook.com
电子信箱　jswsbook@163.com

出版发行：北京师范大学出版社　www.bnupg.com
北京市西城区新街口外大街 12-3 号
邮政编码：100088

印　　刷：天津中印联印务有限公司
经　　销：全国新华书店
开　　本：787 mm×1092 mm　1/16
印　　张：13.25
字　　数：248 千字
版　　次：2021 年 4 月第 1 版
印　　次：2021 年 4 月第 1 次印刷
定　　价：32.80 元

策划编辑：华　珍　周光明　　责任编辑：华　珍　周光明
美术编辑：李向昕　　装帧设计：李向昕
责任校对：陈　民　　责任印制：赵非非

前　言

Python语言以优雅、清晰、简洁的设计哲学而闻名，它是一门易读、易维护、易开源，并且深受广大用户欢迎的、用途广泛的程序设计语言。随着大数据时代的飞速发展，Python已经成为数据分析领域里最常用的语言之一。

本书主要介绍Python语言程序设计的基础知识及其在大数据领域中的应用。全书以Python作为实现工具，介绍程序设计的基本思想和方法，培养学生利用Python语言解决各类实际问题的开发能力；采用案例驱动的方式，讲解Python语言的基础与应用，配以丰富的应用实例，将各章知识点有机融合，增强了教材的可操作性和可读性。

本书共分10章。其中，第1～2章主要介绍Python编程基础，包括Python开发环境的搭建和Python语言基础；第3～4章主要介绍Python程序设计基础，包括Python流程控制和数据输入输出；第5章主要介绍Python提供的包含列表、集合、元组以及字典等典型的数据结构；第6章主要介绍Python的函数和模块，包括函数的定义和调用、变量的作用域以及模块的使用；第7章主要介绍Python文件的使用，包括文件的基本概念和文件操作、异常处理等；第8章主要介绍Python面向对象程序设计思想；第9章主要介绍Python图形界面设计，包括控件的应用、对话框以及事件处理；第10章主要介绍Python在数据分析方面的应用。

本书在编写过程中，力求体现现代职业教育的性质、任务和培养目标，突出教材的实用性、适用性和先进性，强调专业技术能力的训练和创新精神的培养；通过实例的分析和实现，能够更好地引导读者学习和掌握Python程序设计的知识体系和操作技能。

本书由陕西职业技术学院人工智能技术服务教学团队和广东东莞理工学校教师共同编写而成。具体编写分工为：第1～3章由王玲编写，第4～5章由肖宁编写，第6～7章由沙晓艳编写，第8～9章由邹锰编写，第10章由牟力科编写。全书由沙晓艳统稿。

此外，在本书的编写过程中，为确保内容的正确性，作者参阅了很多资料，并且得到了陕西职业技术学院人工智能学院的大力支持，在此一并表示衷心的感谢。

教材建设是一项系统工程，需要在实践中不断加以完善及改进，同时由于编者水平有限且时间仓促，书中难免存在疏漏和不足之处，敬请广大读者给予批评和指正。

编　者

目录

第 1 章　Python 概述 ………………… (1)

1.1　Python 语言概述 ………… (1)

1.1.1　Python 语言的发展 …… (1)

1.1.2　Python 语言的特点 …… (1)

1.2　Python 语言开发环境 …… (2)

1.2.1　编码器与 IDE ………… (2)

1.2.2　Ubuntu 下开发环境的搭建 ……………………… (4)

1.2.3　Windows 下开发环境的搭建 ……………………… (4)

1.2.4　集成开发环境 PyCharm 安装 ……………………… (5)

1.3　应用举例 ……………… (5)

本章小结 …………………… (8)

习　题 ……………………… (8)

第 2 章　Python 语言基础 ………… (9)

2.1　Python 编程模式 ………… (9)

2.1.1　交互式编程 …………… (9)

2.1.2　脚本式编程 …………… (10)

2.2　标识符、常量、变量和注释 ……………………… (11)

2.2.1　标识符 ………………… (11)

2.2.2　常量 …………………… (11)

2.2.3　变量 …………………… (11)

2.2.4　注释 …………………… (12)

2.3　数据类型 ……………… (12)

2.3.1　Python 数字 ………… (13)

2.3.2　Python 字符串 ………… (13)

2.3.3　Python 列表 ………… (13)

2.3.4　Python 元组 ………… (14)

2.3.5　Python 字典 ………… (14)

2.4　运算符和表达式 ……… (14)

2.4.1　算术运算符 …………… (15)

2.4.2　比较运算符 …………… (15)

2.4.3　赋值运算符 …………… (16)

2.4.4　逻辑运算符 …………… (17)

2.4.5　成员运算符 …………… (18)

2.4.6　身份运算符 …………… (18)

2.4.7　运算符优先级 ………… (19)

2.5　字符串操作 …………… (20)

2.5.1　字符串定义 …………… (20)

2.5.2　字符串取值 …………… (20)

2.5.3　转义字符 ……………… (21)

2.5.4　字符串字母大小写转换 ……………………… (22)

2.5.5　字符串查找 …………… (22)

2.5.6 字符个数统计 ………… (23)

2.6 正则表达式 ……………… (23)

2.6.1 元字符 ………………… (23)

2.6.2 常用的正则表达式 …… (23)

2.6.3 re 模块 ……………… (24)

2.6.4 贪婪模式和非贪婪模式 ……………………… (29)

2.6.5 常用方法 …………… (30)

2.6.6 应用举例 …………… (30)

本章小结 …………………… (31)

习 题 ……………………… (32)

第 3 章 Python 程序设计基础 …… (33)

3.1 算法 ……………………… (33)

3.1.1 算法的概念 …………… (33)

3.1.2 算法的评价 …………… (34)

3.1.3 算法的表示 …………… (34)

3.2 程序的基本结构 ……… (37)

3.2.1 顺序结构 …………… (37)

3.2.2 选择结构 …………… (37)

3.2.3 循环结构 …………… (38)

3.3 数据的输入与输出 …… (39)

3.3.1 标准输入/输出 ……… (39)

3.3.2 格式化输出 …………… (40)

3.3.3 字符串的 format 方法 ……………………… (41)

本章小结 …………………… (42)

习 题 ……………………… (42)

第 4 章 Python 的流程控制 ……… (43)

4.1 条件控制语句 ………… (43)

4.1.1 单分支选择结构 ……… (43)

4.1.2 双分支选择结构 ……… (44)

4.1.3 多分支选择结构 ……… (46)

4.1.4 选择结构的嵌套 ……… (48)

4.1.5 选择结构应用举例 …… (48)

4.2 循环控制语句 ………… (49)

4.2.1 while 循环结构 ……… (50)

4.2.2 for 循环结构 ………… (51)

4.2.3 循环的嵌套 …………… (53)

4.2.4 循环控制语句 ………… (54)

4.2.5 循环结构应用举例 …… (56)

本章小结 …………………… (57)

习 题 ……………………… (57)

第 5 章 组合数据类型 …………… (59)

5.1 组合数据类型概述 …… (59)

5.2 列表 ……………………… (59)

5.2.1 创建列表 ……………… (60)

5.2.2 访问列表 ……………… (60)

5.2.3 更新列表 ……………… (61)

5.3 元组 ……………………… (63)

5.3.1 创建元组 ……………… (63)

5.3.2 访问元组 ……………… (64)

5.3.3 元组的修改 …………… (64)

5.3.4 元组与列表的异同 …… (64)

5.4 字符串 …………………… (65)

5.4.1 字符串常量 …………… (65)

5.4.2 字符串变量的定义 …… (66)

5.4.3 字符串的访问 ………… (66)

5.4.4 字符串的运算 ………… (67)

5.4.5 字符串的格式设置 …… (69)

5.5 集合 ……………………… (70)

5.5.1 创建集合 …………… (70)
5.5.2 访问集合 …………… (70)
5.5.3 更新集合 …………… (71)
5.5.4 集合成员的测试 ……… (72)
5.5.5 集合之间的常用运算 … (72)
5.6 字典 …………………… (73)
5.6.1 创建字典 …………… (73)
5.6.2 访问字典 …………… (74)
5.6.3 更新字典 …………… (74)
5.6.4 字典的内置函数和方法 ……………………… (75)
5.6.5 字典的应用举例 ……… (76)
本章小结 …………………… (78)
习　题 ……………………… (79)
第 6 章 Python 函数与模块 ……… (82)
6.1 函数概述 ……………… (82)
6.2 函数的定义和调用 …… (83)
6.2.1 函数的定义 ………… (83)
6.2.2 函数的调用 ………… (84)
6.3 函数的参数及返回值 … (85)
6.3.1 形式参数和实际参数 … (85)
6.3.2 默认参数 …………… (87)
6.3.3 改变实参值的设定参数传递 ……………………… (88)
6.3.4 位置参数 …………… (89)
6.3.5 关键字参数 ………… (90)
6.3.6 可变长参数 ………… (90)
6.4 函数的嵌套与递归调用 ……………………… (93)
6.4.1 函数的嵌套 ………… (94)
6.4.2 函数的递归 ………… (94)
6.5 变量的作用域 ………… (96)
6.5.1 全局变量 …………… (96)
6.5.2 局部变量 …………… (97)
6.6 模块 …………………… (98)
6.6.1 定义模块 …………… (98)
6.6.2 导入模块 …………… (99)
6.7 函数应用举例 ………… (100)
本章小结 …………………… (102)
习　题 ……………………… (102)
第 7 章 Python 文件的使用 …… (103)
7.1 文件概述 ……………… (103)
7.2 文件操作 ……………… (104)
7.2.1 文件的打开与关闭 …… (105)
7.2.2 文件的读/写 ……… (107)
7.3 与文件相关的模块 …… (118)
7.3.1 os 模块 …………… (118)
7.3.2 os. path 模块 ……… (122)
7.4 文件应用举例 ………… (124)
7.5 异常处理 ……………… (125)
7.5.1 Python 异常类 ……… (125)
7.5.2 Python 异常处理 …… (127)
本章小结 …………………… (131)
习　题 ……………………… (131)
第 8 章 Python 面向对象程序设计 ……………………… (133)
8.1 面向对象程序设计概述 ……………………… (133)
8.1.1 面向对象的基本概念 ……………………… (133)

8.1.2 从面向过程到面向对象 …………………… (135)

8.2 类与对象 ………………… (136)

8.2.1 类的定义与使用 …… (136)

8.2.2 对象的创建和使用…… (137)

8.3 属性与方法 ……………… (138)

8.3.1 实例和类属性 ……… (138)

8.3.2 对象方法 …………… (140)

8.4 继承和多态 ……………… (141)

8.4.1 继承…………………… (141)

8.4.2 多态…………………… (144)

8.5 应用举例 ………………… (145)

本章小结 ………………… (147)

习　题 ……………………… (147)

第 9 章　Python 图形界面设计 …………………… (148)

9.1 图形界面编程基础 …… (148)

9.2 常用控件 ………………… (150)

9.2.1 Tkinter 控件 ………… (150)

9.2.2 Text 控件 …………… (151)

9.2.3 Button 控件 ………… (153)

9.2.4 Canvas 控件 ………… (155)

9.2.5 Entry 控件 ………… (158)

9.2.6 Checkbutton 控件 …… (161)

9.3 对象的布局 ……………… (163)

9.3.1 pack()方法 ………… (163)

9.3.2 grid()方法 ………… (164)

9.3.3 place()方法 ………… (165)

9.4 事件处理 ……………… (167)

9.4.1 事件的属性 ……… (167)

9.4.2 事件绑定方法 ……… (168)

9.5 对话框 ………………… (171)

9.5.1 messagebox 模块 …… (171)

9.5.2 simpledialog 模块 …… (173)

9.5.3 filedialog 模块 ……… (173)

9.5.4 colorchooser 模块 …… (174)

本章小结 ………………… (175)

习　题 …………………… (176)

第 10 章　Python 应用之数据分析 …………………… (177)

10.1 Pandas 及其数据结构 …………………… (177)

10.1.1 Pandas 概述………… (177)

10.1.2 Pandas 安装与数据结构 …………………… (178)

10.2 Series 值的获取 ……… (181)

10.3 相关系数与协方差 … (183)

10.4 Pandas 中的绘图函数 …………………… (185)

10.5 商品数据分析 ……… (188)

10.6 医院销售数据分析 … (190)

10.6.1 数据分析的目的 …… (190)

10.6.2 数据分析基本过程 … (191)

本章小结 ……………… (202)

参考文献 …………………… (203)

第1章　Python概述

本章概述

Python语言是一种容易学习、功能强大的高级程序设计语言。它既支持面向过程的程序设计，同时也支持面向对象的编程，而且具有高效的数据结构，是众多应用领域程序开发的理想语言。

本章主要介绍Python语言的发展、特点，搭建Python开发环境，以及通过一个简单的“Hello World!”的例子让大家认识Python程序。

学习目标

1. 理解Python语言的特点及其重要性。
2. 掌握Python语言的开发环境和运行环境。

1.1　Python语言概述

Python语言的语法简洁，开发效率很高，具有强大的功能，已经成为当今广泛应用的程序设计语言之一。对于初学者而言，选择Python语言作为编程语言是一个不错的选择。

1.1.1　Python语言的发展

Python是一种高层次的，结合了解释性、编译性、互动性和面向对象的脚本语言，是由Guido van Rossum在20世纪90年代初于荷兰国家数学和计算机科学研究所设计出来的。Python本身是由诸多其他语言发展而来的，这其中包括ABC、Modula-3、C、C++、Algol-68、SmallTalk、Unix shell等。像Perl语言一样，Python源代码同样遵循GPL(GNU General Public License)协议。现在Python是由一个核心开发团队在维护。

1.1.2　Python语言的特点

1. 易于学习

Python有相对较少的关键字，结构简单，且有明确定义的语法，学习起来更加简单。

2. 易于阅读

Python 代码定义更清晰。

3. 易于维护

Python 的成功在于它的源代码是相当容易维护的。

4. 有一个广泛的标准库

Python 的最大优势之一是有一个丰富的库，可跨平台操作，在 Unix、Windows 和 Macintosh 中的兼容性很好。

5. 可移植

基于其开放源代码的特性，Python 已经被移植到许多平台。

6. 可扩展

如果需要一段运行很快的关键代码，或者是想要编写一些不愿开放的算法，可以先使用 C 或 C++完成那部分程序，然后从 Python 中调用该程序。

7. 提供数据库接口

Python 提供所有主要的商业数据库的接口。

8. 支持 GUI 编程

Python 支持 GUI(图形用户界面)编程。

9. 可嵌入

可以将 Python 嵌入到 C/C++程序，让用户获得“脚本化”的能力。

1.2 Python 语言开发环境

Python 可应用于多平台。通过终端窗口输入“Python”命令来查看本地是否已经安装 Python 以及 Python 的安装版本。

1.2.1 编码器与 IDE

运行 Python 的方式有如下三种。

1. 交互式解释器

可以通过命令行窗口进入 Python，并可在交互式解释器中开始编写 Python 代码。图 1-1 所示为 Python 3.7.4 Shell 窗口。

图 1-1　Python 3.7.4 Shell 窗口

2. 命令行环境

图 1-2 所示为 Python 3.7.4 命令行窗口。

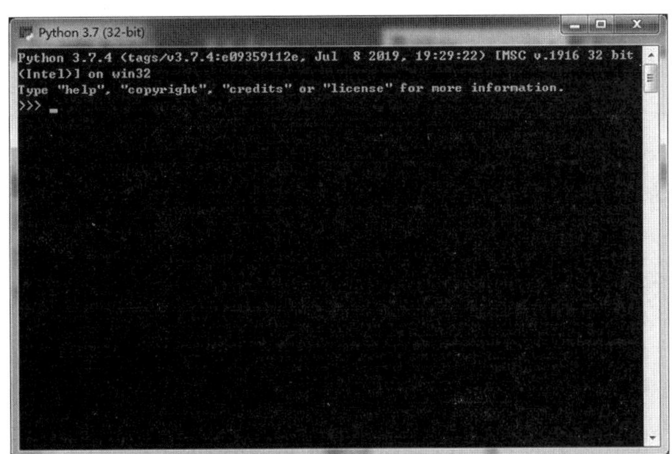

图 1-2　Python 3.7.4 命令行窗口

3. 集成开发环境(Integrated Development Environment，IDE)

图 1-3 所示为 Python 3.7.4 集成开发环境。

图 1-3 Python 3.7.4 集成开发环境

1.2.2 Ubuntu 下开发环境的搭建

Ubuntu 下开发环境的搭建步骤：

(1)打开 Web 浏览器访问 https://www.python.org/downloads/source/；

(2)选择适用于 Unix/Linux 的源码压缩包；

(3)下载及解压压缩包；

(4)如果你需要自定义一些选项，则修改 Modules/Setup；

(5)执行 ./configure 脚本；

(6)选择 make 编译；

(7)选择 make install 安装。

执行以上操作后，Python 会安装在/usr/local/bin 目录中，Python 库安装在/usr/local/lib/python×××中(×××为你使用的 Python 的版本号)。

1.2.3 Windows 下开发环境的搭建

在 Windows 中使用任何软件，都必须首先进行程序运行环境的搭建。因此，要使用 Python 进行程序开发，必须先安装 Python 的运行环境，大致步骤如下：

(1)首先登录 Python 官网 https://www.python.org/downloads；

(2)在下载列表中选择 Windows 平台安装包，包格式为：python-×××.msi 文件(×××为要安装的版本号)；

(3)下载后双击下载包，进入 Python 安装向导，安装非常简单，按默认的设置一直单击“下一步”直到安装完成即可。

1.2.4 集成开发环境 PyCharm 安装

PyCharm 是由 JetBrains 打造的一款 Python IDE，支持 macOS、Windows、Linux 系统。

PyCharm 功能：调试、语法高亮、Project 管理、代码跳转、智能提示、自动完成、单元测试、版本控制等。

PyCharm 下载地址：https://www.jetbrains.com/pycharm/download/。

PyCharm 安装地址：http://www.runoob.com/w3cnote/pycharm-windows-install.html。

图 1-4 所示为 PyCharm 开发环境。

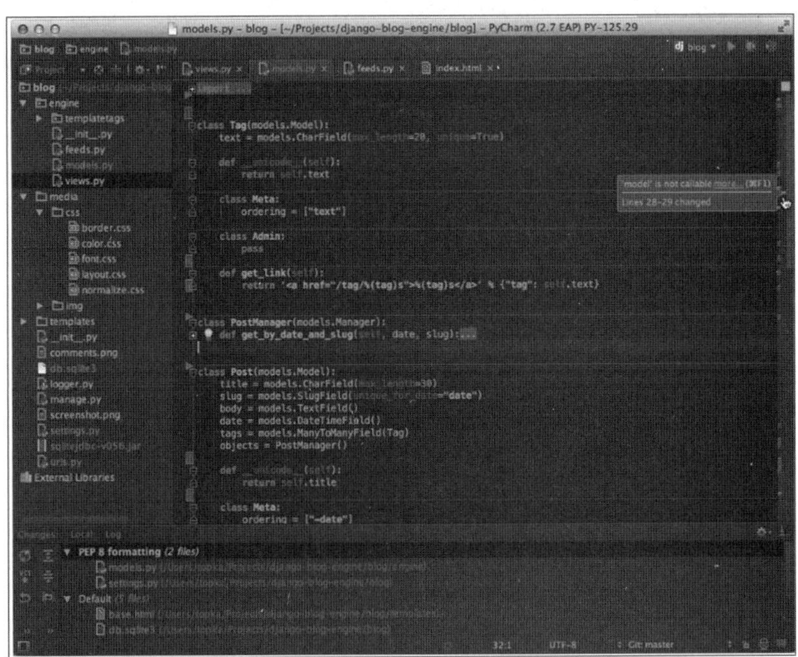

图 1-4 PyCharm 开发环境

1.3 应用举例

完成 Python 的安装之后，就可以编写 Python 代码并运行 Python 程序了。本节通过具体程序实例演示 Python 程序的交互式和文件式运行方式。

【例 1.1】运行“Hello World”程序。

图 1-5 所示为 Windows 下交互式 Python 环境输出“Hello World”。

图 1-6 所示为 Python Shell 环境输出“Hello World”。

```
Python 3.7 (32-bit)
Python 3.7.4 (tags/v3.7.4:e09359112e, Jul  8 2019, 19:29:22) [MSC v.1916 32 bit
(Intel)] on win32
Type "help", "copyright", "credits" or "license" for more information.
>>> print("hello world")
hello world
>>>
```

图 1-5　Windows 下交互式 Python 环境输出“Hello World”

图 1-6　Python Shell 环境输出“Hello World”

【例 1.2】求边长为 3 的正方形面积。

图 1-7 所示为 Python 文件脚本实现正方形面积求解。

【例 1.3】“猜数字”游戏。

图 1-8 所示为 Python Shell 实现“猜数字”游戏编译。

图 1-9 所示为 Python 实现“猜数字”游戏运行结果。

图 1-7　Python 文件脚本实现正方形面积求解

图 1-8　Python Shell 实现“猜数字”游戏编译

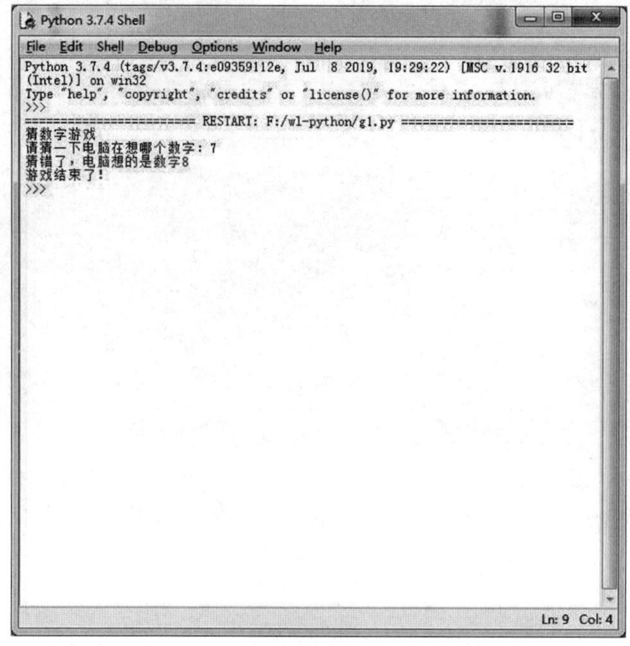

图 1-9　Python 实现“猜数字”游戏运行结果

本 章 小 结

Python 是一种高层次的，结合了解释性、编译性、互动性和面向对象的脚本语言，具有很强的可读性。Python 是一种面向对象的解释型计算机程序设计语言，具有丰富和强大的库，已经成为继 JAVA、C++之后的第三大语言。Python 可以说全能，在系统运维、图形处理、数学处理、文本处理、数据库编程、网络编程、Web 编程、多媒体应用、PYMO 引擎、黑客编程、爬虫编写、机器学习、人工智能等方面均有应用。

习　题

1. Python 程序文件扩展名主要有________和________，其中后者常用于 GUI 程序。
2. Python 源代码程序编译后的文件扩展名为________。

第 2 章　Python 语言基础

本章概述

数据类型是程序设计语言学习的基础，数据是程序处理的基本对象，如何写出好的 Python 语言程序和在程序中描述数据，是学习 Python 程序设计的关键。本章主要介绍 Python 语言中基本数据类型、运算符和表达式等。

学习目标

1. 掌握 Python 语言的基本语法。
2. 掌握 Python 语言的数据类型、标识符、运算符、字符串、正则表达式等概念。

2.1　Python 编程模式

Python 程序主要的运行模式有交互式和脚本式两种。交互式是指 Python 解释器及时响应用户输入的每条代码，给出运行结果。脚本式是指用户将 Python 程序写入一个或多个文件中，启动 Python 解释器批量执行文件中的代码。

2.1.1　交互式编程

交互式编程不需要创建脚本文件，而是通过 Python 解释器的交互模式(图 2-1)进行代码编写。

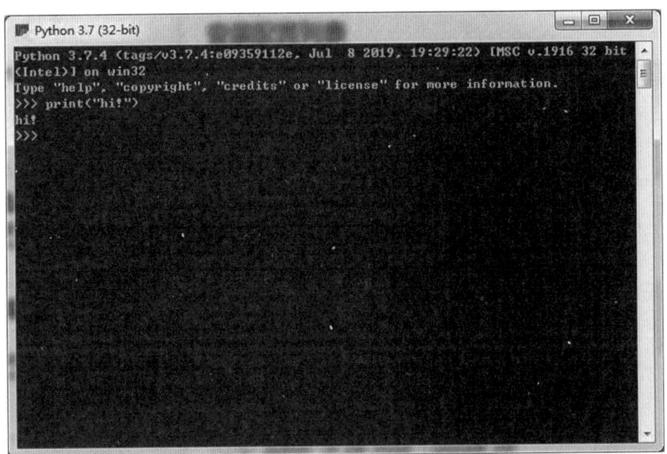

图 2-1　Python 解释器的交互模式

2.1.2 脚本式编程

脚本式编程通过脚本参数调用解释器开始执行脚本，直到脚本执行完毕。当脚本执行完成后，解释器不再有效。例如，在 hello.py 文件中输入脚本，如图 2-2 和图 2-3 所示。

图 2-2 建立 hello. py 文件

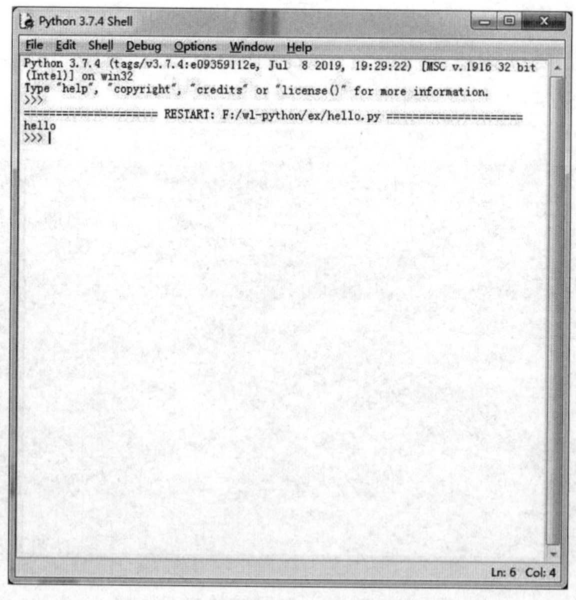

图 2-3 输出“Hello”

2.2 标识符、常量、变量和注释

2.2.1 标识符

1. 概念

标识符是指一串字符串(字符串未必是标识符，但标识符一定是字符串)。在Python中，标识符由字母、数字、下划线组成。

2. 作用

给变量、函数等命名以下划线开头的标识符是有特殊意义的。以单下划线开头的_ foo代表不能直接访问的类属性，需通过类提供的接口进行访问，不能用from ××× import * 导入。以双下划线开头的_ _foo代表类的私有成员；以双下划线开头和结尾的_ _foo_ _代表Python中特殊方法专用的标识，如_ _init_ _()代表类的构造函数。

3. 规则

(1)只能由字母、数字、下划线组成；
(2)不能以数字开头；
(3)不能是Python的关键字；
(4)区分大小写；
(5)见名知意，如年龄age、名字name等；
(6)print、input等特殊功能值不得用于标识符；
(7)在Python 3.X中，非ASCII标识符虽被允许，但请务必慎用。

2.2.2 常量

常量即程序运行期间不能改变的数据。常量有一个特点：一旦定义，不能更改。比如数学常数PI就是一个常量。在Python中，通常用全部大写的标识符来表示常量，如PI=3.1415926。

2.2.3 变量

1. 概念

变量是内存中命名的存储位置，与常量不同的是，变量的值可以动态变化。

2. 类型

基于变量的数据类型，解释器会分配指定内存，并决定什么数据可以被存储在内存中。因此，变量可以指定不同的数据类型，这些变量可以存储整数、小数或字符。

3. 赋值

Python中的变量赋值不需要类型声明。

每个变量在内存中创建，都包括变量的标识、名称和数据等信息。

每个变量在使用前都必须赋值，变量赋值以后该变量才会被创建。

等号(=)用来给变量赋值。等号(=)运算符左边是一个变量名，等号(=)运算符右边是存储在变量中的值。

例如：

```
counter=100                    # 赋值整型变量
miles=1000.0                   # 浮点型
name="John"                    #字符串
print counter
print miles
print name
```

2.2.4 注释

1. 单行注释

Python 中单行注释：采用# 开头。

例如：

```
# 第一个注释
print "Hello,Python!"    # 第二个注释
```

2. 多行注释

Python 中多行注释：使用三个单引号(''')或三个双引号(""")。

例如：

```
'''
这是多行注释,使用单引号。
这是多行注释,使用单引号。
'''

"""
这是多行注释,使用双引号。
这是多行注释,使用双引号。
"""
```

2.3 数据类型

在内存中存储的数据可以有多种类型。例如，一个人的年龄可以用数字来存储，名字可以用字符来存储。

Python 的数据类型包括基本数据类型、列表、元组、字典、集合等，用于存储各

种类型的数据。

Python 有五个标准的数据类型：Numbers(数字)、String(字符串)、List(列表)、Tuple(元组)、Dictionary(字典)。

2.3.1 Python 数字

数字数据类型用于存储数值，且是一种不可改变的数据类型，也就是改变数字数据类型会分配一个新的对象。

Python 支持四种不同的数字类型：int(有符号整型)、long[长整型(也可以代表八进制和十六进制)]、float(浮点型)、complex(复数)。

2.3.2 Python 字符串

字符串或串(String)是由数字、字母、下划线组成的一串字符。它是编程语言中表示文本的数据类型。

Python 的字符串列表有两种取值顺序：

(1)从左到右索引默认 0 开始的，最大范围是字符串长度少于 1；

(2)从右到左索引默认-1 开始的，最大范围是以字符串开头。

例如：

```
str='Hello World!'
print str                          # 输出完整字符串
print str[0]                       # 输出字符串中的第一个字符
print str[2:5]                     # 输出字符串中第三至第六个之间的字符串
print str[2:]                      # 输出从第三个字符开始的字符串
print str * 2                      # 输出字符串两次
print str + "TEST"                 # 输出连接的字符串
```

2.3.3 Python 列表

列表(List)是 Python 中使用最频繁的数据类型。列表可以完成大多数集合类的数据结构实现。它支持字符、数字、字符串甚至可以包含列表(嵌套)。

列表用[ ]标识，是 Python 中最通用的复合数据类型。

列表中值的切割也可以用到变量，比如[头下标：尾下标]就可以截取相应的列表。从左到右索引默认 0 开始的列表或从右到左索引默认-1 开始的列表，下标可以为空，表示取到头或尾。

例如：

```
list=['runoob',786,2.23,'john',70.2]
tinylist=[123,'john']
print list                         # 输出完整列表
print list[0]                      # 输出列表的第一个元素
```

```
print list[1:3]                    # 输出第二和第三个元素
print list[2:]                     # 输出从第三个开始至列表末尾的所有元素
print tinylist * 2                 # 输出列表两次
print list + tinylist              # 打印组合的列表
```

2.3.4　Python 元组

元组用()标识，内部元素用逗号隔开，类似于列表。但是元组不能二次赋值，相当于只读列表。

例如：

```
tuple=('runoob',786,2.23,'john',70.2)
tinytuple=(123,'john')
print tuple                        # 输出完整元组
print tuple[0]                     # 输出元组的第一个元素
print tuple[1:3]                   # 输出第二至第四个(不包含)元素
print tuple[2:]                    # 输出从第三个开始至列表末尾的所有元素
print tinytuple * 2                # 输出元组两次
print tuple + tinytuple            # 打印组合的元组
```

2.3.5　Python 字典

字典(Dictionary)是除列表以外 Python 中最灵活的内置数据结构类型。列表是有序的对象集合，字典是无序的对象集合。两者之间的区别在于：字典当中的元素是通过键来存取的，而不是通过偏移存取。

字典用{ }标识。字典由索引(key)和它对应的值(value)组成。

例如：

```
dict={
dict['one']="This is one"
dict[2]="This is two"
tinydict={'name':'john','code':6734,'dept':'sales'}
print dict['one']                  # 输出键为'one'的值
print dict[2]                      # 输出键为 2 的值
print tinydict                     # 输出完整的字典
print tinydict.keys()              # 输出所有键
print tinydict.values()            # 输出所有值
```

2.4　运算符和表达式

Python 语言提供了丰富的运算符，这些运算符使 Python 语言具有很强的表达能力。

1. 运算符

Python 语言支持以下类型的运算符：算术运算符、比较(关系)运算符、赋值运算符、逻辑运算符、位运算符、成员运算符、身份运算符。

2. 表达式

用运算符和括号将运算对象连接起来，符合 Python 语言语法规则的式子，称为表达式。各种运算符能够连接的操作数的个数、数据类型都有规定。每个表达式不管多复杂，都有一个值。

2.4.1 算术运算符

算术运算符用于各类数值运算，包括＋、－、＊、/、%、＊＊和//七种。其功能如表 2-1 所示。

表 2-1 算术运算符功能描述

运算符	应用示例	功能
＋	x＋y	加：求 x 和 y 之和
－	x－y	减：求 x 和 y 之差
＊	x＊y	乘：求 x 和 y 之积或 x 被重复 y 次的字符串
/	x/y	除：求 x 和 y 之商
%	x%y	取模：求 x 与 y 之商的余数
＊＊	x＊＊y	幂：求 x 的 y 次幂
//	x//y	取整除：求 x 和 y 之商的整数部分(向下取整)

例如：

```
a=21
b=10
c=0
c=a + b
print "2 - c 的值为:",c c=a * b
print "3 - c 的值为:",c c=a/b
print "4 - c 的值为:",c c=a % b
print "5 - c 的值为:",c c=a** b
print "6 - c 的值为:",c a=10 b=5 c=a//b
```

2.4.2 比较运算符

比较运算符用于各类比较运算，包括＝＝、! ＝、<>、>、>＝、<＝和<七种。其功能如表 2-2 所示。比较运算符所构成的表达式的运算结果为 True(真)或 False(假)。

表 2-2　比较运算符功能描述

运算符	应用示例	功能
==	x==y	等于：比较 x、y 是否相等
！=	x！=y	不等于：比较 x、y 是否不相等
<>	x<>y	不等于：比较 x、y 是否不相等
>	x>y	大于：返回 x 是否大于 y
<	x<y	小于：返回 x 是否小于 y
>=	x>=y	大于等于：返回 x 是否大于等于 y
<=	x<=y	小于等于：返回 x 是否小于等于 y

例如：

```
a=21
b=10
c=0
if a ！=b：
print "2 - a 不等于 b"
else：
print "2 - a 等于 b"
if a > b：
print "5 - a 大于 b"
else：
print "5 - a 小于等于 b"
if a<=b：
print "6 - a 小于等于 b"
else：
print "6 - a 大于 b"
if b >=a：
print "7 - b 大于等于 a"
else：
print "7 - b 小于 a"
```

2.4.3　赋值运算符

赋值运算符包括=、+=、-=、*=、/=、%=和**=七种。其功能如表 2-3 所示。

表 2-3　赋值运算符功能描述

运算符	功能
=	赋值运算

续表

运算符	功能
+=	自加运算
-=	自减运算
*=	自乘运算
/=	自除运算
%=	自求余运算
**=	自求幂算

例如：

```
a=21
b=10
c=0
c=a + b
print "1 - c 的值为：",c c +=a
print "2 - c 的值为：",c c *=a
print "3 - c 的值为：",c c/=a
print "4 - c 的值为：",c c=2 c %=a
print "5 - c 的值为：",c c **=a
print "6 - c 的值为：",c c//=a
print "7 - c 的值为：",c
```

2.4.4　逻辑运算符

逻辑运算符是对关系表达式或逻辑值进行运算的运算符，包括 and、or 和 not 三种。其功能如表 2-4 所示。其中 and、or 是双目运算，not 是单目运算。

表 2-4　逻辑运算符功能描述

运算符	功能
and	逻辑与
or	逻辑或
not	逻辑非

例如：

```
a=10
b=20
if a or b:
print "2 -变量 a 和 b 都为 true,或其中一个变量为 true"
else:
```

```
print "2 －变量 a 和 b 都不为 true"
if a and b：
print "3 －变量 a 和 b 都为 true"
else：
print "3 －变量 a 和 b 有一个不为 true"
if a or b：
print "4 －变量 a 和 b 都为 true,或其中一个变量为 true"
else：
print "4 －变量 a 和 b 都不为 true"
if not(a and b)：
print "5 －变量 a 和 b 都为 false,或其中一个变量为 false"
else：
print "5 －变量 a 和 b 都为 true"
```

2.4.5 成员运算符

成员运算符包括 in 和 not in 两种。其功能如表 2-5 所示。测试实例中包含了一系列的成员，如字符串、列表或元组。

表 2-5 成员运算符功能描述

运算符	功能
in	如果在指定的序列中找到值返回 True，否则返回 False
not in	如果在指定的序列中没有找到值返回 True，否则返回 False

例如：

```
a=10
b=20
list=[1,2,3,4,5 ]；
if(a in list)：
print "1 －变量 a 在给定的列表中 list 中"
else：
print "1 －变量 a 不在给定的列表中 list 中"
if(b not in list)：
print "2 －变量 b 不在给定的列表中 list 中"
else：
print "2 －变量 b 在给定的列表中 list 中"
```

2.4.6 身份运算符

身份运算符(同一性运算符)用于比较两个对象的存储单元。其功能如表 2-6 所示。身份运算符运算结果为逻辑值。

表 2-6　身份运算符功能描述

运算符	功能
is	判断两个标识符是不是引自同一个对象
is not	判断两个标识符是不是引用自不同对象

例如：

```
a=20
b=20
if(a is not b):
print "2 — a 和 b 没有相同的标识"
else:
print "2 — a 和 b 有相同的标识"
if(a is b):
print "3 — a 和 b 有相同的标识"
else:
print "3 — a 和 b 没有相同的标识"
```

2.4.7　运算符优先级

在一个表达式中可能包含多个由不同运算符连接起来的、具有不同数据类型的数据对象。由于表达式有多种运算，不同的运算顺序可能得出不同结果甚至出现错误运算。当表达式中含多种运算时，必须按一定顺序进行计算，才能保证运算的合理性和结果的正确性、唯一性。在 Python 中，运算符的优先级见表 2-7，优先级从上到下依次递减。表达式的结合次序取决于表达式中各种运算符的优先级。

表 2-7　运算符优先级

运算符	说明
**	指数(最高优先级)
~ + -	按位翻转、一元加号和减号(最后两个的方法名为 +@ 和 -@)
* / % //	乘、除、取模、取整
+ -	加法、减法
>> <<	右移、左移运算符
&	位 'AND'
^ |	位运算符
<= < > >=	比较运算符
<> == !=	等于运算符

续表

运算符	说明
= %= /= //= = += *= **=	赋值运算符
is is not	身份运算符
in not in	成员运算符
not and or	逻辑运算符

例如：

```
a=20
b=10
c=15
d=5
e=0
e=(a + b) * c/d
print "(a + b) * c/d 运算结果为:",e e=((a + b) * c)/d

print "((a + b) * c)/d 运算结果为:",e e=(a + b) *(c/d)

print "(a + b) *(c/d) 运算结果为:",e e=a +(b * c)/d

print "a +(b * c)/d 运算结果为:",e
```

2.5 字符串操作

2.5.1 字符串定义

字符串是 Python 中最常用的数据类型。我们可以使用引号('或")来创建字符串。创建字符串很简单，只要为变量分配一个值即可。
例如：

```
var1='Hello World! '
var2="Python Runoob"
```

2.5.2 字符串取值

下面以两个例子来说明字符串取值。
【例 2.1】阅读下列程序，分析输出结果。

```
samp_string="Whatever you are,be a good one."
```

```
for i in samp_string:
print("i",i)
for i in range(0,len(samp_string)-2,2):
print(samp_string[i]+samp_string[i+1])
print('A=',ord("A"))
print('65=',chr(65))

print('桃:',ord("桃"))
print('26690',chr(26690))
```

【例 2.2】阅读下列程序，分析输出结果。

```
my_list=[0,1,2,3,4,5,6,7,8,9]        # 取其中一个值
print(my_list[0])
print(my_list[-10])
print(my_list[-1])
                                     # 取其中几个值
print(my_list[0:5])
print(my_list[-10:-5])
print(my_list[-10:-5:2])
                                     # 逆序输出
print(my_list[::-1])
print(my_list[-1:-10:-1])
print(my_list[-1:-10:-2])
strList=["string",520,21.0]
                                     # 列表基本操作
print("列表长度:",len(strList))
print("列表输出",strList)
print("两个列表相加为一个列表:",my_list+strList)
```

2.5.3 转义字符

当需要在字符串中使用特殊字符时，Python 用反斜杠(\)转义字符，如表 2-8 所示。

表 2-8 转义字符

转义字符	含义	转义字符	含义
\n	换行符	\"	双引号
\t	横向制表符	\\	反斜杠符号
\r	回车	\ddd	3位八进制数对应的字符
\'	单引号	\xhh	2位十六进制数对应的字符

2.5.4　字符串字母大小写转换

Python 字符串大小写转换有四种方法：

(1)capitalize()方法：首字母大写，其余全部小写。

(2)upper()方法：全转换成大写。

(3)lower()方法：全转换成小写。

(4)title()方法：标题首字大写，如"i love python". title() "I Love Python"。

【例 2.3】字符串字母大小写转换方法使用。

```
s='hEllo pYthon'
print(s.upper())
print(s.lower())
print(s.capitalize())
print(s.title())
```

2.5.5　字符串查找

Python 中字符串查找有四种方法：find()方法、index()方法、rfind()方法和 rindex()方法。这里重点介绍 find()方法和 index()方法。

1. find()方法

查找子字符串，若找到，返回从 0 开始的下标值；若找不到，返回－1。

例如：

```
info='abca'
Print(info.find('a'))
                        #从下标 0 开始,查找在字符串里第一个出现的子串,返回结果:0
info='abca'
print(info.find('a',1))
                        #从下标 1 开始,查找在字符串里第一个出现的子串,返回结果:3
info='abca'
print(info.find('333'))
                        #返回－1
```

2. index()方法

Python 的 index()方法是在字符串里查找子串第一次出现的位置，类似字符串的find()方法，不过比 find()方法更好的是，如果查找不到子串，会抛出异常，而不是返回－1。

例如：

```
info='abca'
print(info.index('a'))
print(info.index('33'))
```

2.5.6 字符个数统计

Python 中字符串中字符个数的统计使用 count()方法。

例如：

```
#统计字符个数
content=input("请输入一串字符串:")
res={}
for i in content:
    res[i]=content.count(i)
print(res)
```

2.6 正则表达式

正则表达式是一个特殊的字符序列，它能帮助你方便地检查一个字符串是否与某种模式匹配。

2.6.1 元字符

Python 中元字符及其含义如表 2-9 所示。

表 2-9 元字符描述

元字符	含义
.	匹配除换行符以外的任意一个字符
^	匹配行首
$	匹配行尾
?	重复匹配 0 次或 1 次
*	重复匹配 0 次或更多次
+	重复匹配 1 次或更多次
{n,}	重复 n 次或更多次
{n，m}	重复 n～m 次
[a-z]	任意字符
[abc]	a，b，c 中的任意一个字符
{n}	重复 n 次

2.6.2 常用的正则表达式

正则表达式是由普通文本字符和特殊字符(元字符)两种字符组成的一系列的字符串的模式。元字符在正则表达式中具有特殊意义，它使正则表达式具有更丰富的表达能力。例如，正则表达式 r"a. d"中，字符'a'和'd'是普通字符，'. '是元字符，它可以指代任意字符，能匹配 'a1d'、'a2d'、'acd'等。

例如：

```
import re
regx_string='aab'                              #字符串 1
regx_string2='anb'                             #字符串 2
pattern=re.compile('a.b')                      #生成一个匹配的正则表达式对象
m1=pattern.match(regx_string)                  #匹配字符串 1
print(m1)
                        #<_sre.SRE_Match object; span=(0,3),match='aab'>
m2=pattern.match(regx_string2)                 #匹配字符串 2
print(m2)
                        #<_sre.SRE_Match object; span=(0,3),match='anb'>
regx_string3='and'                             #字符串 3
m3=pattern.match(regx_string3)
print(m3)
```

2.6.3 re 模块

正则表达式本身是一种小型的、高度专业化的编程语言，而在 Python 中，通过内嵌集成 re 模块，程序员们可以直接调用它来实现正则匹配。正则表达式模式被编译成一系列的字节码，然后由用 C 编写的匹配引擎执行。

例如：

```
ref1=re.compile("[abc]{1,3}")                  #每次匹配 a,b,c 中的任意字符,一共三次
print(re.match(ref1,"caffa").group())
ref2=re.compile("[.$*+?{}|()]")
print(ref2.findall("."))                       #除了^和\以外,其余元字符在[]内均表示原意
print(ref2.findall("$"))
ref3=re.compile("[\d]")                        #匹配 0~9 的数字
print(ref3.match("2").group())
ref4=re.compile("[^\d]")                       #匹配非数字
print(ref4.match("a").group())
ref5=re.compile(r"\\")                         #匹配\原始字符
print(ref5.match("\\").group())
ref6=re.compile("(a(b(c)))d")                  #分组
print(ref6.match("abcd").group())
print(ref6.match("abcd").group(0))
print(ref6.match("abcd").group(1))
print(ref6.match("abcd").group(2))
print(ref6.match("abcd").group(3))
```

re 模块中常用功能函数如下。

1. compile()函数

格式：

```
re.compile(pattern,flags=0)
```

功能：

该函数编译正则表达式模式，返回一个对象的模式。(可以把那些常用的正则表达式编译成正则表达式对象，这样可以提高一点效率。)

说明：

(1)pattern：编译时用的表达式字符串。

(2)flags：编译标志位，用于修改正则表达式的匹配方式，如是否区分大小写、多行匹配等。常用的 flags 有：

- re.S(DOTALL)：使匹配包括换行在内的所有字符。
- re.I(IGNORECASE)：使匹配对大小写不敏感。
- re.L(LOCALE)：做本地化识别(locale－aware)匹配。
- re.M(MULTILINE)：多行匹配，影响^和 $ 。
- re.X(VERBOSE)：该标志通过给予更灵活的格式以便将正则表达式写得更易于理解。
- re.U：根据 Unicode 字符集解析字符，这个标志影响\w，\W，\b，\B。

应用：

```
import re
tt="Tina is a good girl,she is cool,clever,and so on..."
rr=re.compile(r'\w*oo\w*')
print(rr.findall(tt))                          #查找所有包含'oo'的单词
```

执行结果如下：

```
['good','cool']
```

2. match()函数

格式：

```
re.match(pattern,string,flags=0)
```

功能：

该函数决定 re 是否在字符串刚开始的位置匹配。(这个方法并不是完全匹配。当 pattern 结束时，若字符串还有剩余字符，仍然视为成功。想要完全匹配，可以在表达式末尾加上边界匹配符'$')

应用：

```
print(re.match('com','comwww.runcomoob').group())
```

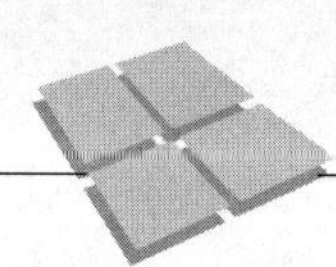


```
print(re.match('com','Comwww.runcomoob',re.I).group())
```

执行结果如下：

```
com
com
```

3. search()函数

格式：

```
re.search(pattern,string,flags=0)
```

功能：

该函数会在字符串内查找模式匹配，只要找到第一个匹配则返回匹配结果；如果字符串没有匹配，则返回 None。

应用：

```
print(re.search('\dcom','www.4comrunoob.5com').group())
```

执行结果如下：

```
4com
```

说明：

match()方法和 search()方法一旦匹配成功，就是一个 match object 对象，而 match object 对象有以下方法：

- group()：返回被 re 匹配的字符串。
- start()：返回匹配开始的位置。
- end()：返回匹配结束的位置。
- span()：返回一个元组，包含匹配开始和结束的位置。

其中，group()返回 re 整体匹配的字符串，可以一次输入多个组号，对应组号匹配的字符串。具体使用格式如下：

①group()：返回 re 整体匹配的字符串。

②group(n，m)：返回组号为 n，m 所匹配的字符串，如果组号不存在，则返回 indexError 异常。

③groups()：返回一个包含正则表达式中所有小组字符串的元组，从 1 到所含的小组号。通常 groups()不需要参数。

例如：

```
import re
a="123abc456"
print(re.search("([0-9]*)([a-z]*)([0-9]*)",a).group(0))          #123abc456
print(re.search("([0-9]*)([a-z]*)([0-9]*)",a).group(1))          #123
print(re.search("([0-9]*)([a-z]*)([0-9]*)",a).group(2))          #abc
```

```
print(re.search("([0-9]*)([a-z]*)([0-9]*)",a).group(3))        #456
```

4. findall()函数

格式：

```
re.findall(pattern,string,flags=0)
```

功能：

re.findall 遍历匹配，可以获取字符串中所有匹配的字符串，返回一个列表。

应用 1：

```
p=re.compile(r'\d+')
print(p.findall('o1n2m3k4'))
```

执行结果如下：

```
['1','2','3','4']
```

应用 2：

```
import re
tt="Tina is a good girl,she is cool,clever,and so on..."
rr=re.compile(r'\w*oo\w*')
print(rr.findall(tt))
print(re.findall(r'(\w)*oo(\w)',tt))        #()表示子表达式
```

执行结果如下：

```
['good','cool']
[('g','d'),('c','l')]
```

5. finditer()函数

格式：

```
re.finditer(pattern,string,flags=0)
```

功能：

搜索 string，返回一个顺序访问每一个匹配结果(Match 对象)的迭代器。找到 re 匹配的所有子串，并把它们作为一个迭代器返回。

应用：

```
iter=re.finditer(r'\d+','12 drumm44ers drumming,11...10...')
for i in iter:
    print(i)
    print(i.group())
    print(i.span())
```

执行结果如下：

```
<_sre.SRE_Match object; span=(0,2),match='12'>
12
(0,2)
<_sre.SRE_Match object; span=(8,10),match='44'>
44
(8,10)
<_sre.SRE_Match object; span=(24,26),match='11'>
11
(24,26)
<_sre.SRE_Match object; span=(31,33),match='10'>
10
(31,33)
```

6. split()函数

格式：

```
re.split(pattern,string[,maxsplit])
```

功能：

按照能够匹配的子串将 string 分割后返回列表。

说明：

maxsplit 用于指定最大分割次数，不指定将全部分割。

应用：

可以使用 re. split 来分割字符串，如 re.split(r'\s+',text)，将字符串按空格分割成一个单词列表。

```
print(re.split('\d+','one1two2three3four4five5'))
```

执行结果如下：

```
['one','two','three','four','five','']
```

7. sub()函数

格式：

```
re.sub(pattern,repl,string,count)
```

功能：

使用 re 替换 string 中每一个匹配的子串后返回替换后的字符串。

说明：

(1)其中第二个参数是替换后的字符串。

(2)第四个参数指替换个数。默认为 0，表示每个匹配项都替换。

应用 1：

```
import re
text="JGood is a handsome boy,he is cool,clever,and so on..."
print(re.sub(r'\s+','-',text))
```

执行结果如下：

```
JGood-is-a-handsome-boy,-he-is-cool,-clever,-and-so-on...
```

re.sub 还允许使用函数对匹配项的替换进行复杂的处理。

应用 2：

如：re.sub(r'\s',lambda m:'[' + m.group(0) + ']',text,0)，将字符串中的空格' '替换为'[ ]'。

```
import re
text="JGood is a handsome boy,he is cool,clever,and so on..."
print(re.sub(r'\s+',lambda m:'['+m.group(0)+']',text,0))
```

执行结果如下：

```
JGood[ ]is[ ]a[ ]handsome[ ]boy,[ ]he[ ]is[ ]cool,[ ]clever,[ ]and[ ]so[ ]on...
```

8. subn()函数

格式：

```
subn(pattern,repl,string,count=0,flags=0)
```

功能：

返回替换次数。

应用：

```
print(re.subn('[1-2]','A','123456abcdef'))
print(re.sub("g.t","have",'I get A,I got B,I gut C'))
print(re.subn("g.t","have",'I get A,I got B,I gut C'))
```

执行结果如下：

```
('AA3456abcdef',2)
I have A,I have B,I have C
('I have A,I have B,I have C',3)
```

2.6.4 贪婪模式和非贪婪模式

正则表达式通常用于在文本中查找匹配的字符串。Python 中数量词默认是贪婪的(在少数语言里也可能是默认非贪婪)，总是尝试匹配尽可能多的字符；非贪婪则相反，总是尝试匹配尽可能少的字符。在"*"、"?"、"+"、"{m，n}"后面加上“?”，能使

贪婪模式变成非贪婪模式。

例如：

```
>>> s="This is a number 234-235-22-423"
>>> r=re.match(".+(\d+-\d+-\d+-\d+)",s)
>>> r.group(1)
'4-235-22-423'
>>> r=re.match(".+? (\d+-\d+-\d+-\d+)",s)
>>> r.group(1)
'234-235-22-423'
```

正则表达式模式中使用通配字，它在从左到右的顺序求值时，会尽量“抓取”满足匹配最长字符串，在我们上面的例子里面，".+"会从字符串的起始处抓取满足模式的最长字符，其中包括我们想得到的第一个整型字段中的大部分，"\d+"只需一个字符就可以匹配，所以它匹配了数字"4"，而".+"则匹配了从字符串起始到这个第一位数字4之前的所有字符。

解决方式：非贪婪操作符"?"，这个操作符可以用在"*"、"+"、"?"的后面，要求正则匹配的越少越好。

```
>>> re.match(r"aa(\d+)","aa2343ddd").group(1)
'2343'
>>> re.match(r"aa(\d+?)","aa2343ddd").group(1)
'2'
>>> re.match(r"aa(\d+)ddd","aa2343ddd").group(1)
'2343'
>>> re.match(r"aa(\d+?)ddd","aa2343ddd").group(1)
'2343'
```

2.6.5 常用方法

1. re 模块

re 模块使 Python 语言拥有全部的正则表达式功能。

2. compile()函数

compile()函数根据一个模式字符串和可选的标志参数生成一个正则表达式对象。该对象拥有一系列方法用于正则表达式匹配和替换。

2.6.6 应用举例

数据清洗案例：使用正则表达式进行爬取电影排名列表。

代码：

```
import urllib.request
```

```
import re
header={
"user-agent":"Mozilla/5.0(Windows NT 6.1) AppleWebKit/537.36(KHTML,like Gecko) Chrome/73.0.3683.86 Safari/537.36"
}
                                        #排名前20的请求链接
url = "https://movie.douban.com/j/chart/top_list?type=11&interval_id=100%3A90&action=&start=0&limit=20"
                                        #创建请求对象
req=urllib.request.Request(url,headers=header)
                                        #发送请求,获取响应
data=urllib.request.urlopen(req).read().decode()
                                        #定义正则:匹配电影名称/评分/排名
pat1=r'"title":"(.*?)"'
pat2=r'"rating":\["(.*?)","\d+"\]'
pat3=r'"rank":(\d+)'
                                        #转换正则为内部格式
pattern1=re.compile(pat1)
pattern2=re.compile(pat2)
pattern3=re.compile(pat3)
                                        #从响应数据中匹配数据(匹配结果为列表类型)
data1=pattern1.findall(data)
data2=pattern2.findall(data)
data3=pattern3.findall(data)
for i in range(len(data1)):
print("排名:",data3[i]+"\t\t"+"电影名:"+data1[i]+"\t\t"+"评分:"+data2[i])
```

本章小结

Python语言与Perl、C和JAVA语言有许多相似之处。但是，它们也存在一些差异。在Python中，所有标识符可以包括英文、数字以及下划线(_)，但不能以数字开头；Python中的变量赋值不需要类型声明；每个变量在内存中创建，都包括变量的标识、名称和数据这些信息；每个变量在使用前都必须赋值，变量赋值以后该变量才会被创建。Python语言支持8种类型的运算符。正则表达式是一个特殊的字符序列，它能帮助你方便地检查一个字符串是否与某种模式匹配。re模块使Python语言拥有全部的正则表达式功能。

习　题

一、填空题

1. 在 Python 中________表示空类型。
2. 列表、元组、字符串是 Python 的________(有序/无序)序列。
3. Python 运算符中用来计算整商的是________。
4. 表达式 int('123', 16)的值为________。
5. 表达式 int('123', 8)的值为________。
6. 表达式 int('123')的值为________。
7. 表达式 int('101', 2)的值为________。
8. 表达式 abs(-3)的值为________。
9. Python 3.x 语句 print(1, 2, 3, sep=':')的输出结果为________。
10. 表达式 int(4 * * 0.5)的值为________。

二、分析题

```
str1="这是一个变量";
print("变量 str1 的值是:"+str1);
print("变量 str1 的地址是:%d" %(id(str1)));
str2=str1;
print("变量 str2 的值是:"+str2);
print("变量 str2 的地址是:%d" %(id(str2)));
str1="这是另一个变量";
print("变量 str1 的值是:"+str1);
print("变量 str1 的地址是:%d" %(id(str1)));
print("变量 str2 的值是:"+str2);
print("变量 str2 的地址是:%d" %(id(str2)));
```

第3章　Python 程序设计基础

 **本章概述**

用计算机解决问题，必须预先将问题转化为计算机语句描述的解题步骤，即程序。算法是解决问题的策略、规则和方法。计算机程序是对算法的一种精确描述。本章主要描述算法的概念、程序设计的基本结构、数据的输入/输出等。

 **学习目标**

1. 掌握 Python 语句的基本结构。
2. 学会用 Python 解决实际问题。

3.1　算法

3.1.1　算法的概念

1. 算法的定义

广义地讲：算法是为完成一项任务所应当遵循的一步一步的、规则的、精确的、无歧义的描述，它的总步数是有限的。

狭义地讲：算法是解决一个问题所采取的方法和步骤的描述。

现代意义上的“算法”通常是指可以用计算机来解决的某一类问题的程序或步骤，这些程序或步骤必须是明确和有效的，而且能够在有限步之内完成。

著名的计算机科学家尼古拉斯·沃斯(Niklaus Wirth)曾经提出：

数据结构＋算法＝程序

数据结构是指对数据(操作对象)的描述，即数据的类型和组织形式；算法则是对操作步骤的描述。也就是说，数据描述和操作描述是程序设计的两项主要内容，数据描述的主要内容是基本数据类型的组织和定义，数据操作则是由语句来实现的。

2. 算法的特征

算法具有以下基本特征：

(1)明确性：算法的每一个步骤都是确切的，能有效执行且得到确定结果，不能模棱两可。

(2)有限性：算法应由有限步组成，至少对某些输入，算法应在有限多步内结束，并给出计算结果。

(3)有效性：算法从初始步骤开始，分为若干明确的步骤，每一步都只能有一个确定的继任者，只有执行完前一步才能进入到后一步，并且每一步都确定无误后，才能解决问题。

(4)不唯一性：求解某一个问题的算法不一定是唯一的，对于同一个问题可以有不同的算法。

3.1.2 算法的评价

评价一个算法性能的主要指标有以下几个。

1. 时间复杂度

算法的时间复杂度是指执行算法所需要的计算工作量。

2. 空间复杂度

算法的空间复杂度是指算法需要消耗的内存空间。其计算和表示方法与时间复杂度类似，一般都用复杂度的渐近性来表示。同时间复杂度相比，空间复杂度的分析要简单得多。

3. 正确性

算法的正确性是评价一个算法优劣的最重要的标准。

4. 可读性

算法的可读性是指一个算法可供人们阅读的容易程度。

5. 健壮性

健壮性是指一个算法对不合理数据输入的反应能力和处理能力，也称为容错性。

3.1.3 算法的表示

算法是对设计思路的描述。在算法定义中，并没有规定算法的描述方法，可以用自然语言描述，也可以用数学方法描述，还可以用某种计算机语言描述。

为了能清晰地表示算法，常用的算法描述有自然语言描述、流程图、N—S 结构流程图、伪代码等。

1. 用自然语言描述算法

用自然语言描述算法，即用人们日常所使用的语言加上一些必要的数学符号来描述算法。

2. 用流程图描述算法

流程图是描述算法最常用的一种方法。它利用图形符号来代表不同性质的操作，用流程线来指示算法的执行方向。ANSI(美国国家标准化协会)规定的一些常用流程图符号如图 3-1 所示。

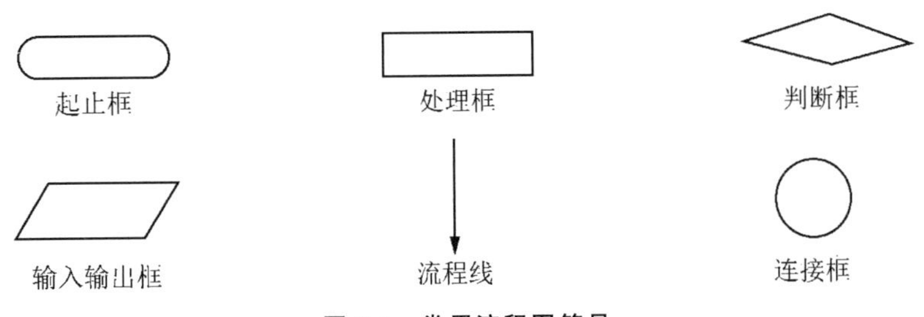

图 3-1 常用流程图符号

流程图是以图形的方式来表示流程控制的一种方法，可以更清晰的理解、表达算法、编写出功能正确的程序。

各图形符号的含义：

- 起止框：表示算法的开始或结束。
- 处理框：表示要执行的动作。
- 判断框：表示判断条件。
- 输入输出框：表示输入或输出操作。
- 流程线：表示程序的执行走向。
- 连接框：表示流程图的待续，圈内有一个字母或数字。在相互联系的流程图内，连接符号使用同样的字母或数字，以表示各个过程是如何连接的。

【例 3.1】求两个正整数的最大公约数。

分析：最大公约数也叫最大公因数，指两个或多个整数共有约数中最大的一个。求解最大公约数，用辗转相除法，即以小数除大数，如果能整队，那么小数就是所求的最大公约数，否则就用余数来除刚才的除数；再用这新除法的余数法除刚才的余数，依次类推，直到一个除法能够整除，这时作为除数的数就是所求的最大公约数。

根据求解最大公约数的算法，画出流程图如图 3-2 所示。

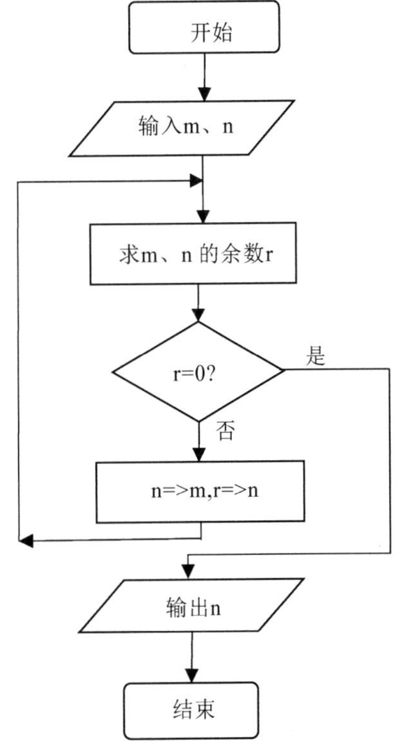

图 3-2 求解两个正整数的最大公约数的算法流程图

【例 3.2】求解圆的面积和周长。

分析：

输入：圆半径 R

处理：圆面积 S=π＊R＊R，圆周长 L=2＊π＊R

输出：圆面积 S、周长 L

流程图如图 3-3 所示。

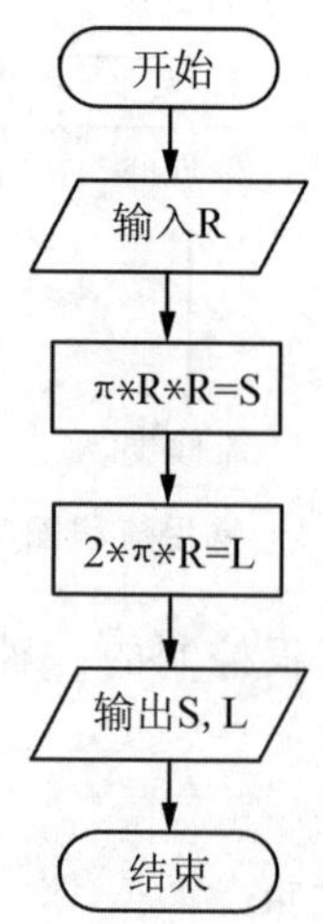

图 3-3　求圆的面积和周长的算法流程图

3. 用 N—S 结构流程图描述算法

N—S 结构流程图是美国学者 I. Nassi 和 B. Shneiderman 于 1973 年提出的一种新的流程图形式。这种流程图去掉了流程线，全部算法写在一个矩形框内，而且在框内还可以包含其他的框。这样算法被迫只能从上到下顺序执行，从而避免了算法流程的任意转向，保证了程序的质量。

例 3.1 的 N—S 结构流程图如图 3-4 所示。

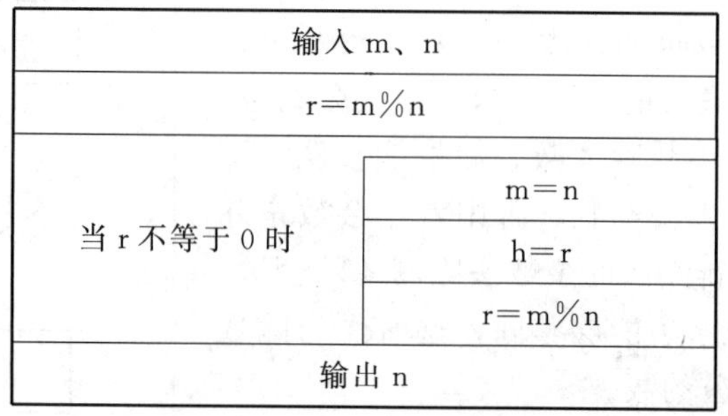

图 3-4　例 3.1 的 N—S 结构流程图

4. 用伪代码描述算法

伪代码是介于自然语言与计算机语言之间的文字和符号，是帮助程序员指定算法的智能化语言，它不能在计算机上运行，但使用起来比较灵活，无固定格式规范，只要写出来自己或别人能看懂即可。

例如：

```
input a,b,c
delta=b²−4ac
if delta<0 then
```

```
    print"方程无实数解"
else
    x1=(-b+sqrt(delta))/(2 * a)
    x2=(-b-sqrt(delta))/(2 * a)
    print x1,x2
```

在以上几种描述算法的方法中，初学者使用流程图或者 N—S 流程图较多，易于理解，比较形象。

3.2 程序的基本结构

结构化程序设计基本思想：任何复杂程序都可以像玩积木游戏一样，只要用几种简单的结构就可以完成。1966 年，意大利的 Bobra 和 Jacopini 提出了顺序结构、选择结构、循环结构三种基本结构。由这三种基本结构组成的程序就是结构化程序。

结构化程序设计优点：结构清晰，易读，可提高程序设计质量和效率。

3.2.1 顺序结构

顺序结构是最简单的一种结构，其语句是按书写顺序执行的，除非指示转移，否则计算机自动以语句编写的顺序一句一句地执行。顺序结构语句程序流向是沿着一个方向进行的，有一个入口和一个出口。顺序结构的流程图和 N—S 流程图如图 3-5 和图 3-6 所示。

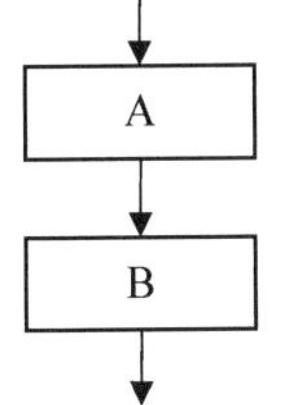

图 3-5 顺序结构的流程图

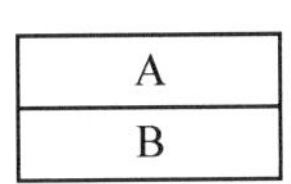

图 3-6 顺序结构的 N—S 结构流程图

3.2.2 选择结构

在选择结构中，程序可以根据某个条件是否成立，选择执行不同的语句。选择结构如图 3-7 和图 3-8 所示。当条件成立时执行模块 A，条件不成立时执行模块 B。模块 B 也可以为空。

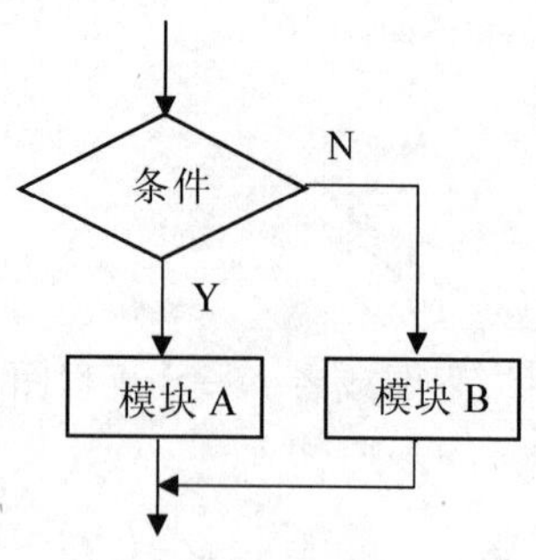

图 3-7　分支结构的流程图

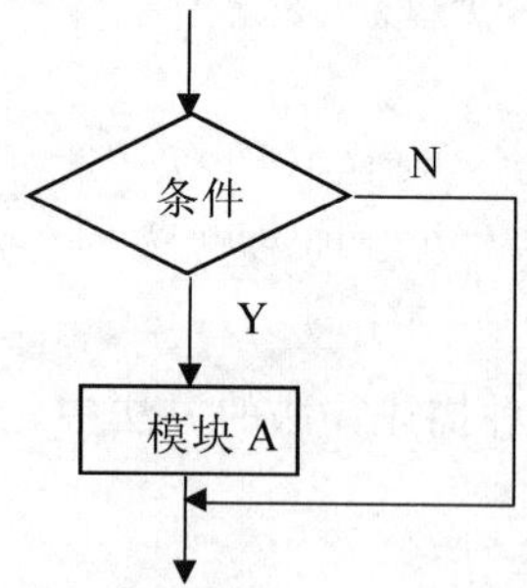

图 3-8　单分支结构的流程图

3.2.3　循环结构

循环结构是程序根据条件判断结果向后反复执行的一种运行方式，根据循环体触发条件不同，包括当型循环和直到型循环两种结构。

1. 当型循环

当型循环是指先判断，只要条件成立(为真)就反复执行程序模块；当条件不成立(为假)时则结束循环。当型循环的流程图如图 3-9 所示。

2. 直到型循环

直到型循环是指先执行程序模块，再判断条件是否成立。如果条件成立(为真)就继续执行程序模块；当条件不成立(为假)时则结束循环。直到型循环的流程图如图 3-10 所示。

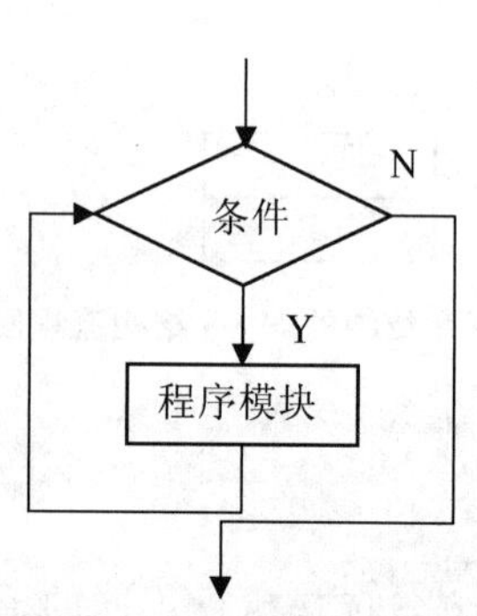

图 3-9　当型循环结构流程图

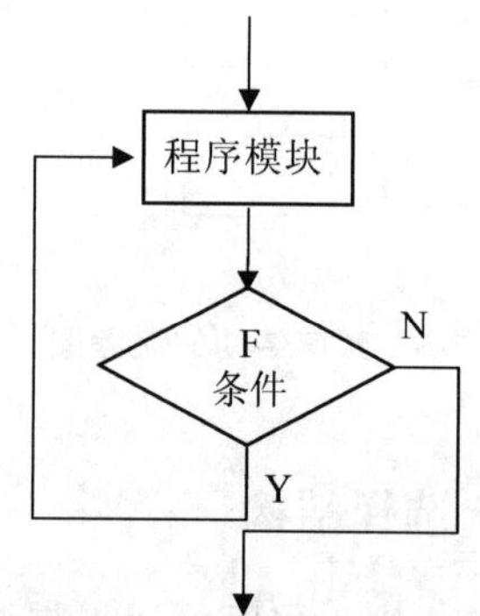

图 3-10　直到型循环结构流程图

无论是顺序结构、选择结构还是循环结构，它们都有一个共同的特点，即只有一个入口和一个出口。三种结构之间可以是平行关系，也可以互相嵌套。

3.3 数据的输入与输出

通常，一个程序可以分成输入原始数据、进行计算处理和输出运行结果三步。其中，数据的输入与输出是用户通过程序与计算机进行交互的操作，是程序的重要组成部分。

3.3.1 标准输入/输出

1. 标准输入

Python 提供了内置函数 input()，用于从标准输入设备读入一行文本。默认的标准输入设备是键盘。

格式：

```
input([提示字符串])
```

说明：

“提示字符串”是可选项，运行时原样显示。

例如：

```
x=input("请输入 x=")
y=input("请输入 y=")
```

2. 标准输出

内置函数 print()用于将输出结果显示在屏幕上。默认的标准输出设备是显示器。

格式：

```
print([输出项 1,输出项 2,…,输出项 n][,sep=分隔符][,end=结束符])
```

说明：

输出项之间用逗号分隔，没有输出项时输出一空行；sep 表示输出时各输出项之间的分隔符，缺省时以空格分隔；end 表示输出时的结束符，缺省时以回车换行结束。

例如：

```
>>> print "Hello World!"
Hello World!
>>> print "The total value is= $ ",40.0 * 45.50
The total value is= $  1820.0
>>> print "The total value= $ %6.2f" %(40.0 * 45.50)
The total value= $1820.00
>>> myfile=file("testit.txt",'w')
>>> print >> myfile,"Hello World!"
>>> print >> myfile,"The total value= $ %6.2f" %(40.0 * 45.50)
>>> myfile.close()
```

3.3.2 格式化输出

一般来说，我们希望更多地控制输出格式，而不是简单地以空格分隔。

在 Python 中格式化输出时，采用%分隔格式控制字符串与输出项。

格式：

```
格式控制字符串%(输出项1,输出项2,…,输出项n)
```

功能：

按照“格式控制字符串”的要求，将输出项 1、输出项 2、…、输出项 n 的值输出到输出设备上。

说明：

“格式控制字符串”用于指定输出格式，它包括常规字符和格式控制符两类。

1. 常规字符

常规字符包括可显示的字符和转义字符表示的字符。

2. 格式控制符

格式控制符是以%开头的一个或多个字符，用于说明输出数据的类型、形式、长度、小数位数等。

对应不同类型数据的输出，Python 采用不同的格式说明符描述，如表 3-1 所示。

表 3-1 格式符说明

格式符	功能
d 或 i	以带符号的十进制整数形式输出整数(正数省略符号)
o	以八进制无符号整数形式输出整数(不输出前导 o)
X 或 x	以十六进制无符号整数形式输出整数(不输出前导 ox)。用 x 时，以小写形式输出包含 a、b、c、d、e、f 的十六进制数；用 X 时，以小写形式输出包含 A、B、C、D、E、F 的十六进制数
c	以字符形式输出，输出一个字符
s	以字符串形式输出
f	以小数形式输出实数，默认输出 6 位小数
E 或 e	以标准指数形式输出实数，数字部分隐含 1 位整数，6 位小数。使用 e 时，指数以小写 e 表示；使用 E 时，指数以大写 E 表示
G 或 g	根据给定的值和精度，自动选择 f 与 e 中较紧凑的一种格式
%	输出%

例如：

```
>>>x=300
```

```
>>> print("sum=%i"%x)
>>>sum=300
```

对输出的格式，Python 语言同样提供附加格式字符，用于对输出格式作进一步描述。

在%和格式字符之间可以根据需要使用表 3-2 中的附加字符。

表 3-2 附加格式符说明

附加格式符	功能
m	域宽，十进制整数，用于描述输出数据所占宽度。如果 m 大于数据实际位数，输出时前面补足空格；如果 m 小于数据实际位数，按实际位数。当 m 为小数时，小数点或占 1 位
n	附加域宽，十进制整数，用于指定实型数据小数部分的输出位数。如果 n 大于小数部分的实际位数，输出时小数部分用 0 补足；如果 n 小于小数部分的实际位数，输出时将小数部分多余的位四舍五入。如果用于字符串数据，表示从字符串中截取的字符数
—	输出数据左对齐，默认时为右对齐
+	输出正数时，也以+号开头
#	作为 o、x 的前缀时，输出结果前面加上前导符号 o、ox

例如：

```
>>>year=2019
>>>month=3
>>>day=15
>>> print("%04d-%02d%02d"%(year,month,day))
2019-03-15
>>>sum=8.123
>>> print("%06.2f"%sum)
008.12
```

3.3.3 字符串的 format 方法

在 Python 中，字符串有一 format()方法，可以通过传入的参数对输出项进行格式化。

格式：

```
str.format(输出项 1，输出项 2，…，输出项 n)
```

说明：

str. （格式字符串)包括普通字符和格式说明符，普通字符原样输出，格式说明符决定了所对应输出项的格式。

格式字符串使用大括号括起来，其一般格式为：

{[序号或键名]:格式说明符}

其中，“序号”为可选项，用于指定要格式化的输出项位置，0 表示第一个输出项，1 表示第二个输出项，依此类推。若序号全部省略，则按自然顺序输出。“键名”也是可选项，它是一个标识符，对应于输出项的名字或字典的键值。格式说明符见表 3-1。

【例 3.3】利用 str. format()函数实现数据的格式化输出。

```
print("{:c}{:c}{:c}{:c}{:c}{:c}{:c}{:c}{:c}{:c}{:c}".format(80,121,116,104,111,110,
31243,24207,35774,35745))
print("语言:{0:8s}:版本号:{1:8s}".format("Python","3.6.4"))
x=123456
print("二进制数:{0:b}:八进制数:{1:#o}:十进制数:{2:d}:十六进制数:{3:#x}".format
(x,x,x,x))
f=123.456789
print("{0:f}:{1:<12.3f}:{2:^12.3f}:{3:=+012.3f}".format(f,f,f,f"))
name,age="李明",19
print("姓名:{param1:s}:年龄:{param2:d}".format(param1=name,param2=age))
```

本章小结

本章主要给出了算法的表示方式和结构化程序设计的基本思想，为初学者掌握编程的学习奠定基础。顺序结构、选择结构和循环结构是程序设计的三种基本结构，在编程时三种结构允许嵌套使用。另外，规范化的输入与输出也是实际应用中需要解决的问题。

习　题

1. 什么是算法？算法的基本特征是什么？

2. 编写程序，输入三角形的 3 条边 a、b、c 的值，求三角形的面积，并画出算法的流程图。

3. 编写程序，输入 4 个数，求它们的平均值。

4. 从键盘上输入一个大写字母，将大写字母转换成小写输出。

第 4 章　Python 的流程控制

本章概述

流程控制指的是运行程序时对指令运行顺序的控制，在程序中通过相应的语句来实现。Python 语言中，条件控制是根据条件是否成立来决定要执行的代码，条件控制语句也称为分支语句，包括 if 语句、if-else 语句及 if-elif-else 语句；循环控制则是重复执行相同的代码块，直到整个循环结束或者使用 break 强制跳出循环。循环控制语句包括 while 循环语句 . for 循环语句。

学习目标

1. 掌握 if 语句、if-else 语句及 if-elif-else 语句的执行过程及其使用。
2. 掌握 while 循环语句、for 循环语句的执行过程及其使用。
3. 掌握并能熟练应用循环的嵌套。
4. 掌握 break 语句、continue 语句的执行过程及其使用。

4.1　条件控制语句

条件控制语句依据给定的条件是否满足来决定是否执行或如何执行后继流程的语句，这样使得代码的执行顺序有更多的选择，从而实现更多更复杂的功能。

一般地，在 Python 语言中，所有合法的表达式都可作为条件控制结构的条件表达式。条件表达式的值除了 0、False、空值(None)、空列表、空元组、空集合、空字符串等，其他均为 True。

根据程序执行路线或分支的不同，选择结构分为单分支、双分支和多分支三种类型。本节主要介绍 Python 中 if 语句及选择结构的程序设计方法。

4.1.1　单分支选择结构

if 语句用来实现单分支选择，是最简单的一种形式。其语法格式如下，流程图如图 4-1 所示。

```
if 表达式：
语句块
```

if 语句的执行流程是：先计算表达式的值，若值为 True，则执行 if 子句(表达式之后的语句块)，然后执行 if 结构后面的代码；否则，直接执行 if 结构后边的代码。

注意：

(1)表达式后边的冒号(:)不能省略。

(2)因为 Python 把非 0 当作真，0 当作假，所以条件表达式不一定必须是关系表达式或逻辑表达式，可以是任意表达式。

(3)if 语句的语句块可以是单个语句也可以是多个语句，当包含两个或两个以上的语句时，语句必须缩进一致，即语句块中的语句必须上下对齐；如果语句块中只有一条语句，if 语句也可以写在同一行上。

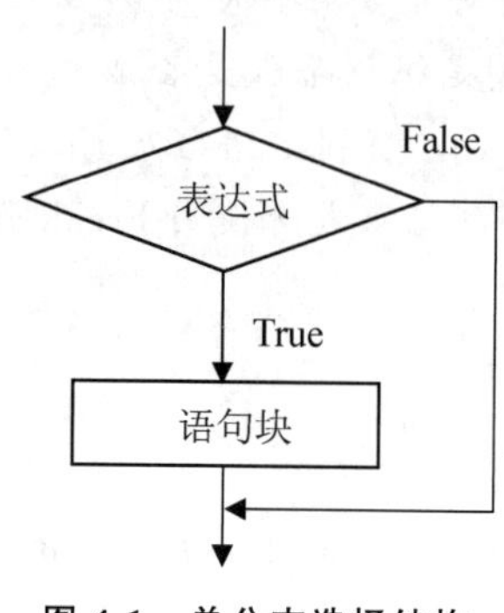

图 4-1　单分支选择结构

例如：

对一门课程的成绩进行如下操作：

```
if score>=60:
  t=t+1                         #如果成绩及格,则 t 的值加 1
m=m+1                           #不管成绩是否及格,m 的值都要加 1
```

该代码段的功能是统计考试的总人数(m 的值)和及格的人数(t 的值)。

注意：在 Python 中，构成 Python 程序的代码行必须严格按缩进规则进行，Python 是通过缩进来识别各语句之间的层次关系，具有相同缩进两的一组语句称为一个语句块。代码的缩进可通过空格键或 Tab 键实现。

4.1.2　双分支选择结构

if-else 语句用来实现双分支选择，根据表达式值的“真”(True)或“假”(False)，执行不同的语句块。双分支结构的语法如下，流程图如图 4-2 所示。

```
if 表达式:
  语句块 1
else:
  语句块 2
```

双分支条件语句的执行流程：先判断表达式的值，当表达式的值为 True，是则执行语句块 1，否则执行语句块 2。

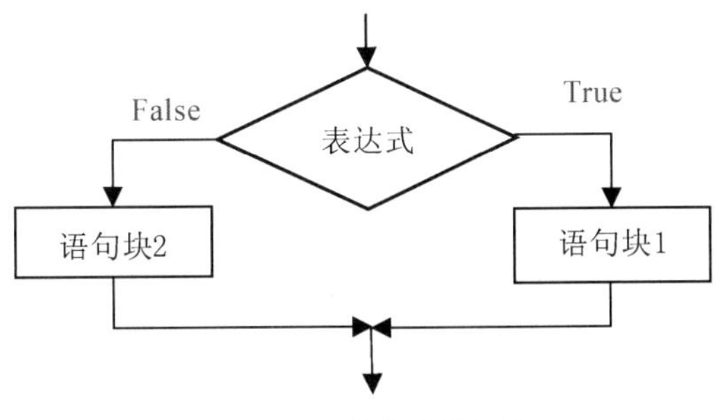

图 4-2　双分支选择结构

例如：

对一门课程的成绩进行如下操作：

```
if score>=60:
  t=t+1                        #如果成绩及格,则 t 的值加 1
else:
  m=m+1                        #成绩不及格,m 的值要加 1
```

该代码段的功能是统计考试的不及格人数(m 的值)和及格的人数(t 的值)。

在 Python 中，if-else 语句还可以表示成如下的选择表达式的形式：

```
表达式 1 if 条件表达式 else 表达式 2
```

它的执行过程是：先计算条件表达式的值，如果值为 True，则整个表达式的值为表达式 1 的值；否则，整个表达式的值为表达式 2 的值。

例如：

```
>>>x=float(input('请输入一个实数:'))
请输入一个实数:-18
>>>print(-x) if x<0 else print(x)          #计算从键盘上输入的任意数的绝对值
18
```

这里的 print 语句也可以写成如下条件语句的形式：

```
if x<0:
  print(-x)
else:
  print(x)
```

显然，写成选择表达式的形式更为简洁。在实际编程过程中，可依据自己的习惯选择条件语句或选择表达式。

注意：Python 允许在同一行中可以书写多条语句，但语句之间要用分号(;)隔开。例如将任意两个数按由小到大的顺序输出。

```
x=20;y=8                    #一行写两条语句
```

```
if x>y:
  t=x; x=y;y=t                #一行写三条语句
print(a,end='')
print(b)
```

通常，为了使代码的结构更清晰和更易于理解，最好还是一行书写一条语句。

4.1.3 多分支选择结构

多分支选择结构语句由 if、一个或多个 elif 和一个 else 子块组成，else 子块可以省略。多分支选择结构的语法如下，流程图如图 4-3 所示。

```
if 表达式 1:
  语句块 1
elif 表达式 2:
   语句块 2
elif 表达式 3:
   语句块 3
…
elif 表达式 n:
   语句块 n
else:
语句块 n+1
```

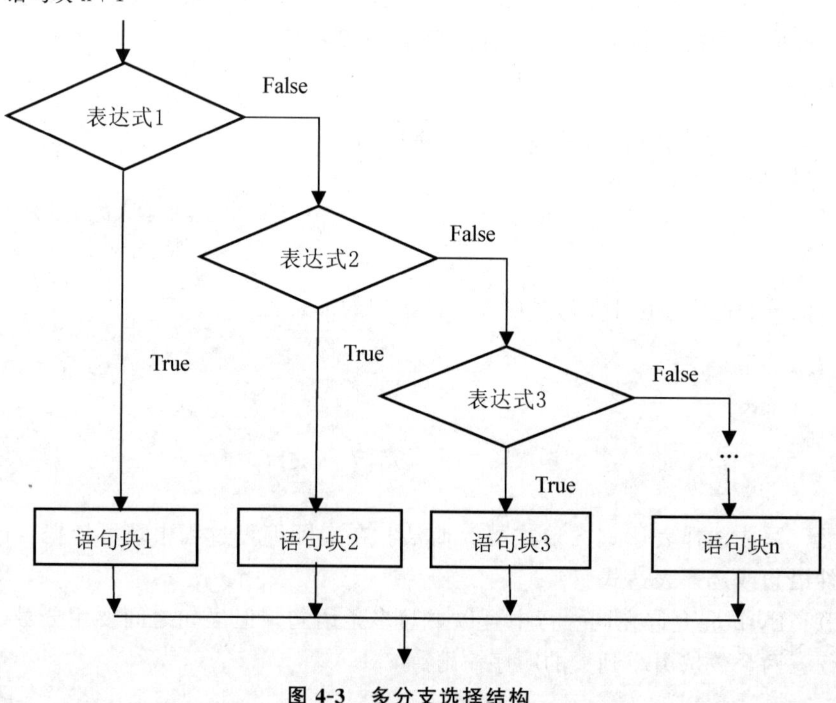

图 4-3 多分支选择结构

多分支选择语句的执行流程是：依次计算各表达式的值，如果表达式 1 的值为 True，则执行语句块 1；否则，如果表达式 2 的值为 True，则执行语句块 2；依此类推，如果前面的所有条件都不成立，则执行语句块 n+1。

【例 4.1】根据输入的学生分数输出相应的字母等级。

```
>>>score=float(input("请输入分数(0～100):"))
请输入分数(0～100):96.5
>>>level=int(score % 10)
>>>if level >=10:
  print('Your Level is  A+')
elif level==9:
  print('Your Level is A')
elif level==8:
  print('Your Level is B')
elif level==7:
  print('Your Level is C')
elif level==6:
  print('Your Level is D')
else:
  print('Your Level is E')
```

运行结果如下：

```
Your Level is A
```

注意：

(1)在依次对各表达式进行判断时，只要遇到一个结果为 True 的表达式就结束，即使多个表达式都成立，后面的表达是也不在判断。

例如，统计几个成绩段的分数的代码段：

```
if score>=80:
    t1+=1
elif score>=70:
    t2+=1
elif score>=60:
    t3+=1
else:
    t4+=1
```

如果代码中 score 的值是 90，第一个表达式为 True，执行赋值语句 t1+=1，然后结束整个 if-elif-else 语句，后面的表达式尽管也为 True 也不再判断，当然也不会执行对应的语句。

(2)每个语句块可以包含多个语句，同一语句块中的各条语句要有相同的缩进量，

不然会认为是不同的语句块的语句。

(3)在进行多分支选择时，Python 中没有 switch 语句的用法。

4.1.4 选择结构的嵌套

选择结构的嵌套就是条件语句可以进行一次或者多次的嵌套，选择结构通过嵌套可以表达更复杂的逻辑关系。在使用选择结构的嵌套时，一定要控制好不同级别的代码的缩进，否则不能被正确的理解和执行。

【例 4.2】从键盘上随机输入一个数，判断是否在 1 到 100 之间。

```
>>>num=int(input("请输入一个数字:"))
>>>if num >=1:
        if num<=100:
          print("这个数在 1 到 100 之间")
        else:
          print("我不想猜了!")
    else:
        print("亲,能不能输入一个正整数啊!")
```

运行结果：

```
请输入一个数字:89
这个数在 1 到 100 之间
```

4.1.5 选择结构应用举例

【例 4.3】从键盘上输入任意三个数，找出其中的最小值。

分析：通过键盘将三个数存放到 x、y、z 三个变量里，简单的比较就可以找到最小值。x 和 y 进行比较，如果 x 小于或等于 y，再比较 x 和 z 的值，如果 x 小于或等于 z，则 x 是最小值，否则 z 是最小值；如果 x 大于 y，再比较 y 和 z，如果 y 小于或等于 z，则 y 是最小值，否则 z 为最小值。

代码如下：

```
>>>x=float(input("x="))
>>>y=float(input("y="))
>>>z=float(input("z="))
>>>if x<=y:
        if x<=z:
          min=x
        else:
          min=z
    else:
        if y<=z:
```

```
        min=y
      else:
        min=z
>>>print("最小值=",min)
```

运行结果：

```
x=9
y=20
z=6
最小值=6
```

【例4.4】将任意三个数按照从小到大的顺序输出。

分析：通过键盘将三个数存放到x、y、z三个变量里，x和y进行比较，如果x大于y，进行交换，x和z进行比较，如果x大于z，进行交换，y和z进行比较，如果y大于z，进行交换，这样x、y、z中依次保存的就是升序数据。

代码如下：

```
>>>x=float(input("请输入第一个数:"))
>>>y=float(input("请输入第二个数:"))
>>>z=float(input("请输入第三个数:"))
>>>if x>y:                                    #第一个数和第二个数进行比较
        t=x
        x=y
        y=t                                   #交换两个数的值
>>>if x>z:                                    #第一个数和第三个数进行比较
        t=x
        x=z
        z=t                                   #交换两个数的值
>>>if y>z:                                    #第二个数和第三个数进行比较
        t=y
        y=z
        z=t                                   #交换两个数的值
>>>print(x,y,z)
```

运行结果如下：

```
请输入第一个数:85
请输入第二个数:95
请输入第三个数:60
60  85  95
```

4.2 循环控制语句

众所周知，计算机相对于人工计算来说，它的最大优点在于不厌其烦的高速计算。

因而，在求解实际问题时，若能把一个求解过程描述成部分代码的重复执行，就可以充分发挥计算机的优势，提高计算效率。

循环控制结构也称为重复结构，就是控制一部分代码反复执行多次。这段被控制多次执行的代码称为循环体语句块，程序执行过程中，每执行一次循环体语句块，必须依据条件判断是继续还是停止，这个条件称为循环条件。

循环结构通过循环语句来实现，Python 中提供了两种循环语句：white 循环语句和 for 循环语句。

4.2.1　while 循环结构

当不知道循环的次数，而知道循环条件时，一般使用 while 语句，它的语法格式为：

```
while 表达式：
  语句块
```

while 循环结构的执行流程是：先计算表达式的值，若表达式的值为正，则执行循环体语句；再次计算表达式的值，若结果仍为真，再次执行循环体语句块；这样一直执行下去，直到表达式的值为假，结束循环体语句块的执行。

while 循环结构如图 4-4 所示。

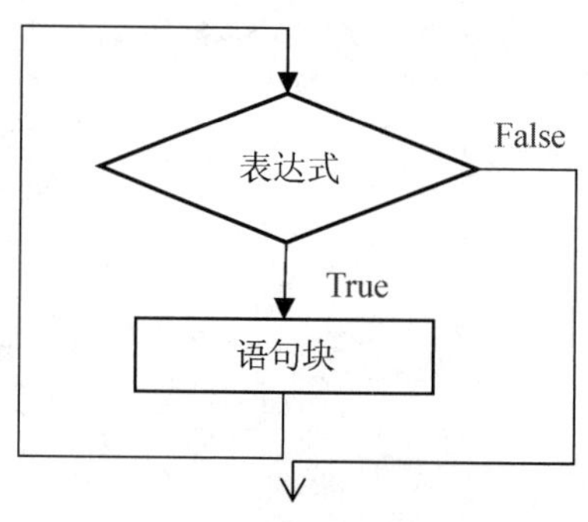

图 4-4　while 循环结构

说明：

(1)循环应当在只用有限次后结束。

(2)循环体中要有改变循环条件的操作。

(3)为了能在开始进入循环，在 while 语句前面也应当有对循环条件进行初始化的操作。

【例 4.5】找出 1900—2019 年中的所有闰年。闰年的条件是：年份能被 4 整除但不能被 100 整除，或者能被 400 整除。

代码如下：

```
year=1900
while year<=2019:
```

```
    if(year % 4==0 and year % 100! =0)or(year % 400==0):
        print(year,end=' ')
    year+=1
```

运行结果如下：

```
    1904  1908  1912  1916  1920  1924  1928  1932  1936  1940  1944  1948  1952
1956  1960  1964  1968  1972  1976  1980  1984  1988  1992  1996  2000  2004  2008
2012  2016
```

【例 4.6】计算从键盘上输入的若干个实数的和及平均值，要求以输入－1 作为数据输入的结束。

分析：显然，这是一个重复累加的问题，从键盘输入一个数累加一次，再输入一个数再累加一次……直到从键盘输入－1 累加完成。循环的条件是没有从键盘输入－1，每次重复的工作是输入数据，进行累加。设：score 为键盘输入值、要累加的数据和循环结束的条件，t 为计数变量，sum _ score 为累加变量，用于求和。

代码如下：

```
sum_score=0
t=0
score=float(input("请输入一个实数:"))
while score! =-1:
    t+=1
    sum_score+=score                        #对输入的数据进行累加
    score=float(input("请输入一个实数:"))
average=  sum_score/t                       #计算平均值
print("总和=",sum_score)                    #输出总和
print("平均值=",average)                    #输出平均值
```

4.2.2 for 循环结构

for 循环结构是 Python 提供的功能最为强大的循环结构。它的语法结构如下：

```
for 循环变量 in 遍历结构:
语句块
```

for 循环结构如图 4-5 所示。for 循环语句的执行流程是：循环变量依次取遍历结构中的值，参与循环体语句块的执行，指导遍历结构中的数据都取完为止。

【例 4.7】测试 for 循环执行的循环变量的值。

```
>>> for i in range(1,15):          #i 在 range(1,15)范围内取值,取值为 1~15-1
        print(i,end='')
```

输出结果：

```
1 2 3 4 5 6 7 8 9 10 11 12 13 14
```

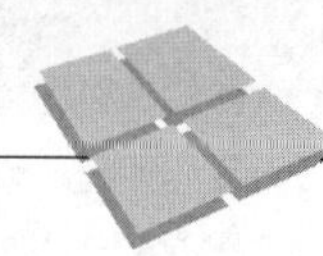

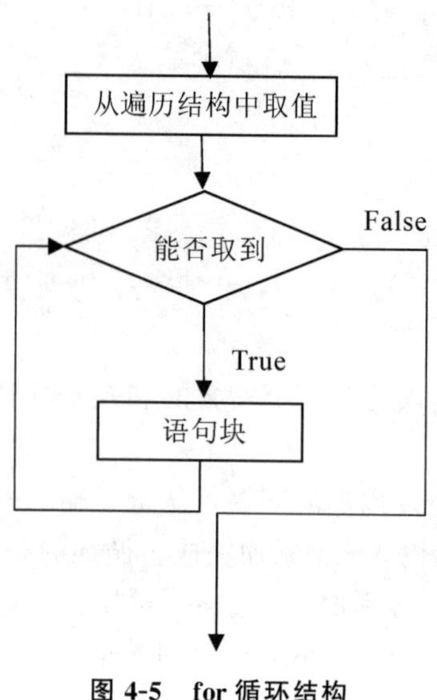

图 4-5　for 循环结构

说明：

在 Python 中，range()函数的一般格式如下：

```
range(start,end,step)
```

该函数的作用是生成若干个整数值，初始值为 start，结束值为 end-1，步长为 step。其中，start、step 的值都可省略，省略时默认值分别是 0、1。

range 用法见表 4-1。

表 4-1　Range 用法举例

range()	生成的整数序列	说明
range(1，11，2)	[1，3，5，7，9]	序列不不含终值
range(1，11)	[1，2，3，4，5，6，7，8，9，10]	省略 step，默认按 1 递增
range(0，10，3)	[0，3，6，9]	有 step 的值，start 的值不能省略
range(9)	[0，1，2，3，4，5，6，7，8]	无 step 的值，start 的值才能省略
range(－3，3)	[－3，－2，－1，0，1，2]	start 的值可为负数
range(3，－3，－1)	[3，2，1，0，－1，－2]	end 小于 start，step 应为负数

【例 4.8】计算 $1^2+2^2+3^3+\cdots+10^2$。

代码如下：

```
sum=0
for i in range(1,10+1):
    sum+=i*i
print('sum=',sum)
```

输出结果：

```
sum=385
```

【例 4.9】判断从键盘上输入的任意一个整数是否是素数。

分析：任意一个数 num 是否为素数，就是用 num 逐一除以 2～num－1 的所有整数，如果至少有一个能整除，num 就不是素数，如果都不能整除，num 就是素数。逐一反复的判断显然可以用循环来实现。

代码如下：

```
num=int(input('请输入一个正整数:'))
flag=1                                    #设定的一个标记值
for i in range(2,num):
    if(num % i==0):
        flag=0
if flag==1:
    print(num,'是一个素数')
else:
    print(num,'不是一个素数')
```

4.2.3 循环的嵌套

类似于选择结构的嵌套，循环结构也可以嵌套，即一个循环结构中又包含一个或多个循环结构，这样可以解决很多复杂的问题。需要注意的是，一个循环结构要完全嵌套到另一个循环结构中，即先开始的循环结构后结束，后开始的循环结构先结束。

【例 4.10】打印九九乘法口诀表。

(1)用 for 结构实现九九乘法表。

代码如下：

```
for i in range(1,10):
    for j in range(1,i+1):
        print('',i,'X',j,'=','%2d' %(i*j),end='')    #乘积占 2 个字符空间,不换行
    print()                                            #输出一个换行
```

运行结果如图 4-6 所示。

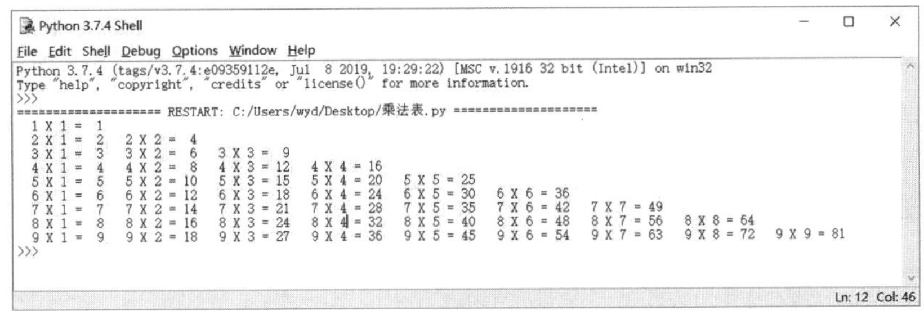

图 4-6　用 for 实现的九九乘法表

(2)用 while 结构的嵌套实现乘法表。

代码如下：

```
i=1
while i<10:
    j=1
    while j<=i:
        print(' ',i,'X',j,'=','%2d' %(i*j),end='')
        j+=1
    print()
    i+=1
```

运行结果如图 4-7 所示。

```
Python 3.7.4 Shell
File Edit Shell Debug Options Window Help
Python 3.7.4 (tags/v3.7.4:e09359112e, Jul  8 2019, 19:29:22) [MSC v.1916 32 bit (Intel)] on win32
Type "help", "copyright", "credits" or "license()" for more information.
>>>
================ RESTART: C:/Users/wyd/Desktop/while实现乘法表.py ================
  1 X 1 =  1
  2 X 1 =  2   2 X 2 =  4
  3 X 1 =  3   3 X 2 =  6   3 X 3 =  9
  4 X 1 =  4   4 X 2 =  8   4 X 3 = 12   4 X 4 = 16
  5 X 1 =  5   5 X 2 = 10   5 X 3 = 15   5 X 4 = 20   5 X 5 = 25
  6 X 1 =  6   6 X 2 = 12   6 X 3 = 18   6 X 4 = 24   6 X 5 = 30   6 X 6 = 36
  7 X 1 =  7   7 X 2 = 14   7 X 3 = 21   7 X 4 = 28   7 X 5 = 35   7 X 6 = 42   7 X 7 = 49
  8 X 1 =  8   8 X 2 = 16   8 X 3 = 24   8 X 4 = 32   8 X 5 = 40   8 X 6 = 48   8 X 7 = 56   8 X 8 = 64
  9 X 1 =  9   9 X 2 = 18   9 X 3 = 27   9 X 4 = 36   9 X 5 = 45   9 X 6 = 54   9 X 7 = 63   9 X 8 = 72   9 X 9 = 81
>>> |
Ln: 14 Col: 4
```

图 4-7　用 while 实现的九九乘法表

4.2.4　循环控制语句

在 for 和 while 循环语句中，当循环条件满足时，就会一直循环，为了提高程序效率，有时需要中途退出循环，或者需要停止本次循环，而不终止整个循环，循环控制语句：break 语句和 continue 语句就可以实现改变程序的当前执行顺序，转到程序的另一个位置继续执行。

1. break 语句

break 语句的语法格式如下：

```
break
```

break 语句的主要用于循环结构，用来提前结束整个循环，转去执行所在循环结构后面的语句。

【例 4.11】简单猜数字游戏。给定一个 1—100 之间的数，让用户猜数字，当用户猜错时会提示用户猜的数字是过大还是过小，直到用户猜对数字为止。

代码如下：

```
import random
n=random.randint(1,100)
```

```
guess=int(input("请输入一个 1—100 内的整数:"))
while n ! ="guess":
  print()
  if guess< n:
    print("猜小啦!")
    guess=int(input("请输入一个 1—100 内的整数:"))
  elif guess > n:
    print("猜大啦!")
    guess=int(input("请输入一个 1—100 内的整数:"))
  else:
    print("猜对啦!")
    break
  print
```

运行结果如图 4-8 所示。

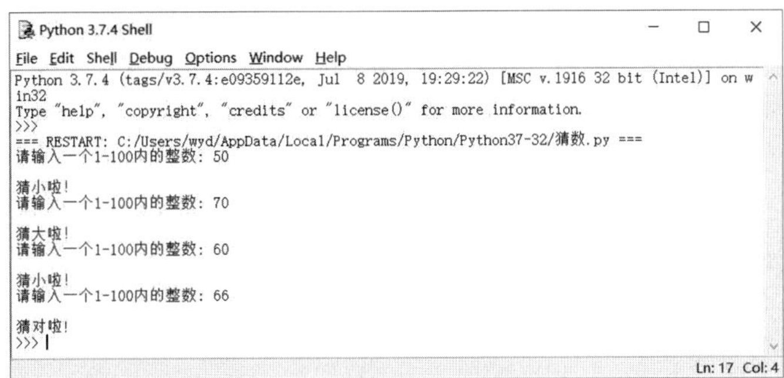

图 4-8 猜数游戏运行结果图

2. continue 语句

continue 语句的语法格式如下:

```
continue
```

continue 语句用于循环结构，用来提前结束本次循环，转到循环的开始判断是否执行下一次循环。

【例 4.12】输出 1—100 内不能被 3 或 4 整除的数。

代码如下:

```
for i in range(1,101):
    if i % 3==0 or i % 4==0:
      continue
    print(i,end='')
```

运行结果如下:

```
1 2 5 7 10 11 13 14 17 19 22 23 25 26 29 31 34 35 37 38 41 43 46 47 49 50 53 55 58 59 61 62
```

65 67 70 71 73 74 77 79 82 83 85 86 89 91 94 95 97 98

4.2.5 循环结构应用举例

这里通过两个例题来加深对循环结构的理解。

【例 4.13】编写程序找出 1000 以内的所有素数并统计个数。

分析：任意一个数 prime 是否为素数，就是用 prime 逐一除以 2～num－1 的所有整数，如果至少有一个能整除，prime 就不是素数，如果都不能整除，num 就是素数。逐一反复的判断用循环来实现，而 1000 以内的每个数都要判断是否为素数，这又是一层循环，该问题可通过双重循环来实现。

代码如下：

```
total=0                                     #统计素数个数的变量
print("以下是 1000 以内的素数:")
for prime in range(2,1000):
    flag=1                                  #标记值
    for i in range(2,prime):
        if prime % i==0:                    #判断 prime 是否是素数
            flag=0
            break
    if flag==1:
        print(prime,end="    ")
        total+=1
print()
print('1000 以内素数的个数是:',total)
```

程序运行结果如图 4-9 所示。

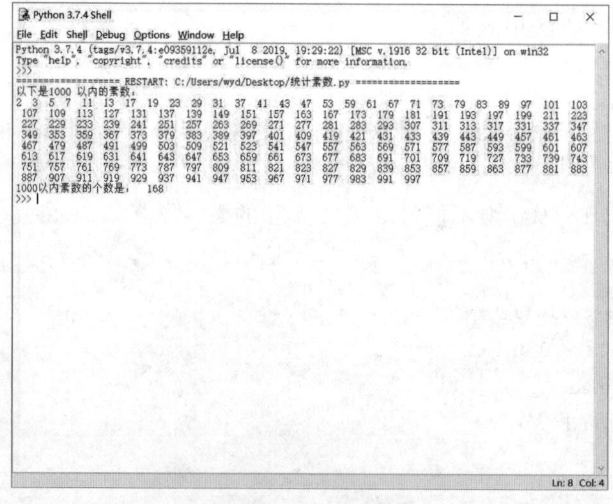

图 4-9　1000 以内的素数及个数

【例 4.14】百钱买百鸡问题。我国古代数学家张丘建在《算经》一书中提出的数学问题：鸡翁一值钱五，鸡母一值钱三，鸡雏三值钱一。百钱买百鸡，问鸡翁、鸡母、鸡雏各有几只？

分析：设鸡翁、鸡母、鸡雏的数量分别为 cocks、hens、chickens，显然可以得到如下不定方程式：

5cocks＋3hens＋chickens/3＝100

cocks＋hens＋chickens＝100

显然：100 钱全买鸡翁，最多 20 只，即 cocks 的取值范围：0—20；

100 钱全买鸡母，最多 33 只，即 hens 的取值范围：0—33。

鸡雏的个数：chickens＝100－cocks－hens，需要 chickens 满足 3 的倍数且三类鸡的总钱数是 100，通过穷举使用双重循环即可求解该问题。

代码如下：

```
for cocks in range(1,20):                    # 从 1 开始买鸡翁,不包括 20
    for hens in range(1,33):                 # 从 1 开始买鸡母,不包括 33
        chickens=100 - cocks - hens
# 计算剩余要买多少个鸡雏,鸡雏的个数要满足 3 的倍数
      if(chickens % 3==0) and(5 * cocks + 3 * hens + chickens/3==100):
# 判断买的计划是否符合条件
print('鸡翁:%s 鸡母:%s 鸡雏:%s'%(cocks,hens,chickens))
```

运行结果如下：

```
鸡翁:4 鸡母:18 鸡雏:78
鸡翁:8 鸡母:11 鸡雏:81
鸡翁:12 鸡母:4 鸡雏:84
```

本章小结

本章主要讲解了 Python 的流程控制：if 语句、if-else 语句、if-elif-else 语句、while 循环语句，for 循环语句。这些语句的语法不难，但通过组合或者嵌套就可以实现很多的程序逻辑结构。

为了使程序流程的控制更加灵活，Python 语言提供的控制语句：break 语句和 continue 语句可以控制循环的退出。break 语句用于强制退出循环，不再执行循环体中剩下的循环次数；continue 语句用来结束本次循环，提前进入下一次循环。

习　题

一、选择题

1. 下列选项中语法正确的是(　　)。

A. if 2：　　B. if False　　C. while　　D. for t in(1，2，3，4)：

2. 在循环中(　　)语句跳出循环。

A. break　　B. continue　　C. break　　D. Continue

3. for i in range(4)：语句中，i 的取值是(　　)。

A. [0，1，2，3，4]　　B. [0，1，2，3,]

C. [1，2，3，4]　　D. [1，2，3]

4. 在 Python 中，流程控制语句不包含(　　)。

A. if-elif　　B. while　　C. do-while　　D. if-else

5. 下列语句中，符合 python 语法的是(　　)。

A.
```
if x
    statemetn1
else：
    statemetn2
```

B.
```
if x：
    statemetn1；
else：
    statement2；
```

C.
```
if x：
    statemetn1
else：
    statemetn2
```

D.
```
if x
    statemetn1
else：
    statement2
```

二、填空题

1. 每个流程控制语句后必须要有________。

2. 在循环体中可以使用________语句跳过本次循环后面的代码，重新开始下一次循环。

3. 如果希望循环是无限的，我们可以通过设置条件表达式永远为________来实现无限循环。

4. Python 的条件控制语句有________、________和________。

5. Python 的循环控制语句有________和________。

6. 用选择表达式来表示求任意一个数的绝对值：________ 。

三、简答题

1. 举例说明语句块的构成。

2. 举例说明 while 语句和 for 语句的异同。

3. 举例说明 break 语句和 continue 语句的区别。

四、编程题

1. 编写程序，用两种方法实现求：1！＋2！＋3！＋…＋n!。

2. 编写程序，计算 1000 以内的偶数和。

3. 编写程序，输出斐波那契数列的前 n 项。数列的定义如下：

a1＝1,a2＝1,an＝an－1＋ an－2(n＞＝3)

4. 编写程序，计算 1＋22＋333＋4444＋55555 的和。

5. 编写程序，判断一个整数是否是回文数。(这里的回文数是指一个数的正序和逆序值相等，如 47274、9856589 等)

第 5 章 组合数据类型

本章概述

组合数据类型能够将多个同类型或者不同类型的数据组织起来，通过单一的表示使得数据操作更有序更容易。本章将对列表、元组、字符串、字典和集合进行介绍，主要介绍其概念、用法和它们的异同点，并能利用它们编写一些简单的程序，为后续内容的学习打下基础。

学习目标

1. 掌握列表的创建、功能、访问和更新。
2. 掌握元组的创建、功能、访问和更新以及元组与列表的异同。
3. 掌握字符串的表示、字符串变量的定义、字符串的访问方法、字符串的运算、字符串的格式设置等。
4. 掌握集合的创建、功能、访问、更新、集合成员的测试、集合间的常用运算。
5. 掌握字典的创建、功能、访问和更新等。
6. 能灵活运用组合数据类型编写简单的应用程序。

5.1 组合数据类型概述

在求解实际问题中，常常会遇到批量数据的处理问题，将数据定义成组合类型处理起来会更有效更容易。在 Python 语言中，根据数据之间的关系将组合数据类型分为三大类，分别是序列类型(Sequences)、集合类型(Set types)和映射类型(Mappings)。序列类型是一个元素向量，元素之间存在先后关系，通过序号访问，元素之间不排他。序列类型的典型代表是列表类型、元组类型、字符串类型；集合类型是一个元素集合，元素之间无序，相同元素在集合中唯一存在；集合类型的典型代表是集合类型；映射类型是“键—值”数据项的组合，每个元素是一个键值对，表示为(key，value)，映射类型的典型代表是字典类型。

5.2 列表

列表(List)属于 Python 中组合数据类型中的序列类型，是任意对象或元素的有序序列，通过“位置”或“索引”对其中的对象或元素进行访问。列表的对象、长度(元素个数)可以改变并能进行任意嵌套。使用列表，批量数据可以灵活方便地进行组织、处理。

5.2.1 创建列表

语法格式：

列表名=[元素 1,元素 2……元素 n]

功能：

把一组放在[]中的元素组织成列表值并赋值给指定的列表变量。

例如：

```
>>>sample1=[2,4,6,8]
>>>print(sample1)                                         #打印输出列表
[2,4,6,8]                                                 #输出结果
>>>sample2=["2019001","于飞","男",19,"物流管理"]          #列表中元素类型可不同
>>>print(sample2)                                         #打印输出列表
['2019001','于飞','男',19,'物流管理']                      #输出结果
>>>sample3=[]                                             #空列表
>>>sample4=[sample1,sample2,sample3]                      #创建嵌套列表
>>>print(sample4)                                         #打印输出列表
[[2,4,6,8],['2019001','于飞','男',19,'物流管理'],[]]      #输出结果
```

也可以通过 list()函数来创建列表，例如：

```
>>>sample5=list(1,3,5,7,9)        #等价于 sample5=[1,3,5,7,9]
>>>sample6=list(range(2,8))       #等价于 sample6=[2,3,4,5,6,7]
```

列表元素有规律时，也可以使用列表推导式创建，推导式语法格式：

[表达式 for 变量 in 序列]

例如：

```
>>>sample7=[i for i in range(30,50,5)]   #等价于 sample7=[30,35,40,45]
```

5.2.2 访问列表

创建列表后即可访问，列表的访问除了整体赋值，常用的是访问其中的元素。列表是序列类型，可通过“位置”或“索引”来访问指定的元素，语法格式如下：

列表名[索引或位置]

列表元素有两类索引：正向索引和逆向索引，其中，正向索引取值为 0，1，2…，对应了第 1，第 2，第 3 个元素……反向索引取值为 −1，−2，−3…，对应了倒数第 1，第 2，第 3 个元素……

例如：

```
>>>sample8=[3,6,9,12,15,18,21]
```

```
>>>print(sample8[0])                  #输出索引为0的元素
3
>>>print(sample8[-2])                 #输出索引为-2的元素,即倒数第2个元素
18
```

也可以对列表元素进行切片操作：在方括号中通过使用冒号分开两个整数来截取列表中的部分元素。

例如：

```
>>> sample9=["s","a","m","p","l","e"]
>>>print(sample9[1:4])
['a','m','p']
```

5.2.3 更新列表

1. 添加列表元素

添加列表元素的语法格式如下：

```
列表名.append(元素值)
```

或者

```
列表名.insert(索引值,元素值)
```

其中，append()函数用于在列表的尾部添加元素，insert()函数用于在列表的指定位置插入元素。

例如：

```
>>>sample10=[1,2,3,4]
>>>sample10.append(5)      #在列表的尾部添加元素5,列表值变为[1,2,3,4,5]
>>>sample10.insert(2,8)    #在指定位置添加元素8,列表值变为[1,2,8,3,4,5]
```

2. 删除列表元素

删除列表元素的语法格式如下：

```
列表名.remove(元素值)
```

或者

```
del 列表名[索引值]
```

或者

```
del 列表名
```

其中，remove()函数用于删除列表中指定的值，若多个值和指定值相同，则只删除第1个。del用于删除指定的元素或整个列表。

例如：

```
>>>sample11=[5,10,15,20]
>>>sample11.remove(10)                    #删除列表中的值 10
>>>del sample11[3]                        #删除列表中索引值为 3 的元素
>>>del sample11                           #删除整个列表
```

3. 修改列表元素

通过赋值语句的形式，用新元素的值修改指定位置的元素值。修改列表元素的语法格式如下：

列表名[索引值]=新元素值

例如：

```
>>>sample11=[5,10,15,20]
>>>sample11[2]=100
>>>sample11
[5,10,100,20]
>>>sample11[-3]=8
>>>sample11
[5,8,100,20]
```

4. 列表常用的操作

当对批量数据进行操作时，运算符或内置函数使列表操作更灵活、强大。列表的常用操作如表 5-1 所示。

表 5-1　列表的常用操作

运算符或函数	功能
+	list1+list2：连接两个列表
*	list1 * n：将列表自身连接 n 次
in	x in list1：如果 x 是 list1 中的元素，返回 true，否则返回 false
not in	x not in list1：如果 x 不是 list1 中的元素，返回 true，否则返回 false
[::]	list1[i：j：k]：返回列表中索引值从 i 开始，到是 j−1 结束，步长为 k 的若干元素组成列表。当 i 省略，默认从 0 开始；省略 j，默认到最后一个元素结束，包括最后一个元素；省略 k，默认步长值为 1，此时，可同时省略 k 前面的冒号
len(列表名)	len(list1)：返回列表 list1 的长度，即列表中的元素的个数
max(列表名)	max(list1)：返回列表 list1 中的最大元素
min(列表名)	min(list1)：返回列表 list1 中的最小元素

续表

运算符或函数	功能
sorted(列表名，reverse=false/true)	sorted(list1)：返回一个对 list1 列表排好序的新列表，列表 list1 中的元素的顺序不变。第 2 个参数取值 false 或省略时按升序排序；否则按降序排列
sum(列表名)	sum(list1)：如果列表中都是数值型元素，则返回累加和
reversed(列表名)	reversed(list1)：返回一个队列表 list1 进行逆序操作后的迭代器，需要用 list(reversed(li))形式转换为列表

注：list1，list2 是已存在的列表名。

例如：

```
>>>list1=[1,2,3]
>>>list2=[4,5,6]
>>>list3=list1+list2
>>>list3
[1,2,3,4,5,6]
>>>list4=list1 * 2
>>>list4
[1,2,3,1,2,3]
>>>list5=list3[1:4:2]
>>>list5
[2,4]
>>>sum[list1]
6
>>>list6=sorted(list3,reverse=true)
[6,5,4,3,2,1]
>>>list7=list(reversed(li6))
>>>list7
[1,2,3,4,5,6]
```

5.3 元组

元组(Tuple)类似于列表，也是任意对象的有序集合，但与列表不同的是，元组创建好之后，其中的元素不可修改。元组功能不如列表强大灵活，但处理数据的效率更高，对于确定不再发生变化的批量数据的处理更有优势。

5.3.1 创建元组

创建元组的语法格式：

```
元组名=(元素 1,元素 2,……元素 n)
```

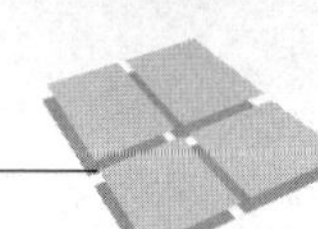

例如：

```
>>>tuple1=(20,40,60,80)                                  #元素类型相同
>>> tuple2=("2019001","曹雪","女",18,"物流管理")          #元素类型不同
>>>tuple3=("2019001","曹雪",(95,89,91,88))               #元组中包含元组
>>>tuple4=()                                              #元组可为空
>>>tuple5=(28,)                                           #只有一个元素的元组
```

注意：当元组只有一个元素时，元素后的逗号不能省略。

```
>>>tuple5=(28,)              #tuple5 的类型为元组
>>>tuple5=(28)               #tuple5 的类型为整型,tuple5=28
```

类似于列表的创建，元组还可以利用 tuple()函数和推导式完成，例如：

```
>>>tuple6=tuple("python")   #等价于 tuple6=("p","y","t","h","o","n")
>>>tuple7=tuple(i for i in range(20,40,5))   #等价于 tuple7=(20,25,30,35)
```

5.3.2 访问元组

元组的访问和列表类似，语法格式如下：

```
元组名[索引值]
```

例如：

```
>>> tuple2=("2019001","曹雪","女",18,"物流管理")
>>>print(tuple2[1])
曹雪
>>>print(tuple2[-2])
18
>>>print(tuple2[1:])
("曹雪","女",18,"物流管理")
```

5.3.3 元组的修改

元组中的元素值是不允许修改的，但我们可以对元组进行连接组合。
例如：

```
>>>tup1=(12,34.56)
>>>tup2=('abc','xyz')
>>>tup3=tup1 + tup2                       # 创建一个新的元组
>>>print tup3
(12,34.56,'abc','xyz')                    # 运行结果
```

5.3.4 元组与列表的异同

元组和列表一样，都是序列型数据类型，表 5-1 中对列表的操作除了更新操作外，

都能在元组上进行。

例如：

```
>>>tuple1=(20,40,60,80)
>>>tuple2=(10,30,50,70)
>>>tuple3=tuple1+tuple2
>>>tuple3
(20,40,60,80,10,30,50,70)
>>>tuple4=2 * tuple1
>>>tuple4
(20,40,60,80,20,40,60,80)
>>>tuple5=tuple4[1:6:2]
>>>tuple5
(40,80,20,40)
>>>max(tuple5)
80
>>>tuple6=sorted(tuple2,reverse=true)
>>>tuple6
```

(70, 50, 30, 10)

元组与列表的异同：元组与列表都是序列型数据，可以存储不同的数据，对列表的操作也都能在元组上进行(更新除外)；元组的声明使用小括号，而列表使用方括号，当声明只有一个元素的元组时，需要在这个元素的后面添加英文逗号；元组声明和赋值后，不能像列表一样添加、删除和修改元素，也就是说元组在程序运行过程中不能被修改；Python 内部实现对元组做了大量优化，访问速读比列表快。

在实际应用中，对于可变的批量数据，应该使用列表存储和处理；而对于不变的批量数据，可以选择使用元组存储和处理。

5.4 字符串

字符串是字符的有序集合，也是一种极其常见的数据形式，在求解很多实际问题中都要用到字符串。

5.4.1 字符串常量

1. 字符串的表示

在 Python 中，字符串是用一对引号(单引号、双引号、三引号)括起来的字符序列。其中，比较常用的是单引号和双引号。例如：'abc'、"12345"、'''ABC'''。

说明：单引号或双引号表示的字符串只能书写在一行内，三引号表示的字符串可以书写在多行；单个字符也属于字符串。

2. 转义字符

字符串中还有一种特殊的字符即转义字符，转义字符是以反斜杠开始的符号，不再是原来的含义，而是转换为新的含义。它通常用于不可直接输入的各种特殊字符，Python 中常用的转义字符在第 3 章已叙述。

5.4.2 字符串变量的定义

在 Python 中，定义字符串变量有两种方式，分别是直接赋值和使用 input()函数。

1. 直接赋值

直接赋值的字符串变量定义格式：

字符串变量名=字符串常量

功能：

直接将字符串常量的值赋值给字符串变量。

例如：

```
>>>string1='you love Python'
>>>string2="you love Python,me too!"
>>>string3='''we love Python! '''
>>>string4=string5="we all love Python!"
```

2. 使用 input()函数

使用 input()函数定义字符串变量的语法格式：

字符串变量名=input("提示字符串")

功能：

将用户从键盘上输入的数据作为字符串常量赋值给字符串变量。

例如：

```
>>>string5=input("请输入你的姓名:")
当用户输入:张三,则 string5 的值为字符串"张三"。
>>>string6=input("请输入你的成绩:")
当用户输入:90,则 string6 的值为字符串“90”。
```

说明：

(1)提示字符串是给用户以输入提示，可以没有。

(2)用户在通过键盘输入数据时不需要输入引号。

5.4.3 字符串的访问

1. 索引方式

字符串是一个有序序列，可通过索引值访问指定的字符，语法格式如下：

字符串变量名[索引值]

功能：

从字符串中取出与索引值对应的字符。索引值有两种方式：正向递增(从 0 开始)和逆向递减方式(从－1 开始)。

例如：

```
>>>string7="life is short you need Python"
>>>char1=string7[3] #值为"e"
>>>char2=string7[-3] #值为"h"
```

说明：通过索引可以获得相应的字符，不可以通过该索引去修改对应的字符。

2. 切片方式

切片是指从一个索引范围中获取连续的或不连续的多个字符组成一个子串。切片访问方式也称为子串访问方式语法格式如下：

```
字符串变量[i:j:k]
```

功能：

从字符串中取出多个字符。其中，i 为开始位置，j 为结束位置(是截止到 j－1 位置上的字符)，k 为步长。若省略，则默认值为 0；省略 j，其默认值为正向最后一个字符的索引值加 1。省略 k，其默认值为－1，其前的冒号也可以省略。若 k 为负数，省略 i，其默认值为－1；省略 j，其默认值为逆向最后一个字符的索引值减 1；省略 i 或 j 时，二者之间的冒号不能省略。

例如：

```
>>>string7="life is short you need Python"
>>> string7[5:13]  #值为'is short'
>>> string7[18:-1:2]  #值为'ne yhn'
>>> string7[:5]  #值为' life'
>>> string7[::-1]  #值为'nohtyP deen uoy trohs si efil'
>>> string7[::]  #值为'life is short you need Python'
```

5.4.4 字符串的运算

1. 字符串运算符

Python 提供了方便灵活的字符串运算，表 5-2 列出了可以用于字符串运算的运算符及其功能。

表 5-2 字符串算符及功能

运算符	功能描述
+	string1+string2：连接两个字符串 string1 和 string2
*	string1 * n 或 n * string1：字符串 string1 自身连接 n 次

续表

运算符	功能描述
in	string1 in string2：若 string1 是 string2 的子串，返回 True，否则返回 False
not in	string1 not in string2：若 string1 不是 string2 的子串，返回 True，否则返回 False
>，>=，<，<=，==，!=	String1 > string2 返回 True，否则返回 False；其他比较运算符类似

注：string1、string2 可以是字符串常量或变量。

例如：

```
string8="Hello "
string9="Python!"
print("string8 + string9 输出结果:",string8 + string9)
print("a * 2 输出结果:",string8 * 2)
print("String8 [1] 输出结果:",string8 [1])
print("String8 [1:4] 输出结果:",string8 [1:4])
if("H" in string8):
print("H 在变量 string8 中")
else:
print("H 不在变量 string8 中")
if("M" not in string8):
print("M 不在变量 string8 中")
else:
print("M 在变量 string8 中")
print(string8==string9)
输出结果如下：
string8 + string9 输出结果:Hello Python!
string8 * 2 输出结果:Hello Hello
string8 [1] 输出结果:e
string8 [1:4] 输出结果:ell
H 在变量 string8 中
M 不在变量 string8 中
False
```

2. 字符串运算函数和常用处理方法

常用的字符串运算函数和常用处理方法如表 5-3 所示。

表 5-3　常用的字符串运算函数和方法

函数名或方法名	功能
len(字符串)	len(string1)：返回 string1 的长度
str(数值)	str(x)：返回数值 x 对应的字符串
chr(Unicode 编码值)	chr(n)：返回整数 n 对应的字符
ord(字符)	ord(c)：返回字符 c 对应的 Unicode 编码值
string1. upper()	转换字符串 string1 中所有小写字符为大写作为返回值
string1. lower()	转换字符串 string1 中所有大写字符为小写作为返回值
string1. capitalize()	将字符串 string1 的第一个字符转换为大写作为返回值
string1. title()	将字符串 string1 的每个单词的首字母大写作为返回值
string1. replace(str1，str2，n)	将字符串 string1 中的 str1 替换成 str2，如果 n 指定，则替换不超过 n 次
string1. split(sep，n)	将字符串 string1 分解为一个列表，sep 为分隔符(默认为空格符)，n 为分解出的子串的个数，默认为所有子串
string1. find(string2)	检测 string2 是否包含在 string1 中，如果包含则返 string2 在 string1 中的开始位置，否则返回－1
string1. count(String2)	返回 string2 在 string1 里面出现的次数
string1. isupper()	如果字符串 string1 中的字母都是大写，则返回 True，否则返回 False
string1. islower()	如果字符串 string1 中的字母都是小写，则返回 True，否则返回 False
string1. isnumeric()	如果字符串中只包含数字字符，则返回 True，否则返回 False
string1. format()	对 string1 进行格式设置
string1. swapcase()	将字符串 string1 中的字母大写转换为小写，小写转换为大写

注：string1、string2 可以是字符串常量或变量。

例如：

```
>>>string10="Life is short you need Python"
>>> string10.lower()   #值为' life is short you need python'
>>> string10.capitalize()#值为' Life is short you need python'
>>> string10.find("Python")   #值为 23
>>> string10.isupper()   #值为 False
>>> string10.swapcase()   #值为'lIFE IS SHORT YOU NEED pYTHON'
```

5.4.5　字符串的格式设置

字符串的格式化通常有两种方式：一种是类似于 C 语言的%格式表示法，这种格式化运算符只适用于字符串类型；另一种是 format()方法。相对而言，该方法更灵活方便，不仅可以进行格式设置，还可以用关键参数进行格式设置，它还支持列表、字典等序列数据的格式控制。这部分内容已在前面叙述过，在此不再赘述。

5.5 集合

集合(sets)是一个无序且不重复的元素集合。集合有两种不同的类型：可变集合(set)和不可变集合(frozenset)。对于可变集合(set)，可以通过添加和删除元素等来改变集合，对于不可变集合(frozenset)则不允许这样做。

5.5.1 创建集合

使用赋值语句或 set()函数创建集合，语法格式如下：

```
集合名={元素 1,元素 2,……元素 n}
```

或者

```
集合名=set([元素 1,元素 2,……元素 n]或(元素 1,元素 2,……元素 n))
```

创建一个不可变集合，语法格式如下：

```
集合名=frozenset([元素 1,元素 2,……元素 n])
```

例如：

```
>>>set1={10,20,30,40,50}
>>>set2={2,4,6,8,2,4}                #等价于 set2={2,4,6,8}
>>>set3={("语文",80),("数学",86),("法律基础",89)}
>>>set4=set()                        #创建空集合,不能直接用 set4={},这是空字典
>>>set5=set([2,4,6,8,10])
>>>set6=set((1,3,5,7,9))
>>>set7=frozenset(['no','Python','no','code'])
```

5.5.2 访问集合

集合是无序的，所以集合的访问不能像前边的列表和元组那样使用索引值访问，只能通过遍历来访问集合中的元素。

例如：

```
>>>set8={1,1,2,3,5,8}
>>>for i in set8:
   print(i)
```

输出结果如下：

```
1
```

```
2
3
5
8
```

需要注意的是，这里输出的集合的元素也是去掉重复元素之后的。

5.5.3 更新集合

1. 添加集合元素

添加集合元素通过函数 add()或者 update()完成，语法格式如下：

```
集合名.add(元素)
```

功能：

将指定的元素添加到指定的集合中。

或者

```
集合1名.update(集合名2)
```

功能：

把集合 2 中的元素追加到集合 1 中。

例如：

```
>>>set8={1,2,3,5,8}
>>>set8.add(13)   #为集合添加元素13
>>>set9={("语文",87),("数学",84),("英语",80)}
>>>set9.add(("体育",84))
>>>set10={1,2,3,4,5,6}
>>>set11={5,6,7,8,9,10}
>>>set10.update(set11)
>>>print(set10)
{1,2,3,4,5,6,7,8,9,10}
```

2. 删除集合和集合元素

删除集合可用 del 方法，语法格式如下：

```
del 集合名
```

删除集合元素可用 remove()函数或者 discard()或者 pop()函数实现，语法格式如下：

```
集合名.remove(元素)
```

功能：

删除指定集合中的指定元素值，若集合中没有要删除的元素，则会给出错误提示

信息。

```
集合名.discard(元素)
```

功能：

删除指定集合中的指定元素值，若集合中没有要删除的元素，不会给出错误提示信息。

```
集合名.pop()
```

功能：

从集合中随机删除元素，删除的元素作为函数的返回值。

删除集合中的所有元素，可使用 clear()函数，语法格式如下：

```
集合名.clear()
```

功能：

删除集合中的所有元素，集合成为空集合。

例如：

```
>>>set8={1,2,3,5,8}
>>>set8.remove(1)
>>>print(set8)
{2,3,5,8}
>>>set8.discard(3)
>>>print(set8)
{2,5,8}
>>>set8.clear()
```

5.5.4 集合成员的测试

集合成员的测试，使用 in 或 not in 检测某个元素是否属于某个集合。

例如：

```
>>>fruit={'apple','orange','apple','pear','orange','banana'}
>>> print(fruit)
{'orange','banana','pear','apple'}
>>> 'orange' in fruit                # 快速判断元素是否在集合内
True
>>> 'peach'  not in fruit
True
```

5.5.5 集合之间的常用运算

集合之间可以做集合运算，求差集、并集、交集、对称差集。

例如：

```
>>> a=set('abracadabra')
>>> b=set('alacazam')
>>> a
{'a','r','b','c','d'}
>>> a - b                          # 差集 集合 a 中包含而集合 b 中不包含的元素
{'r','d','b'}
>>> a | b                          # 并集 集合 a 或 b 中包含的所有元素
{'a','c','r','d','b','m','z','l'}
>>> a & b                          # 交集 集合 a 和 b 中都包含了的元素
{'a','c'}
>>> a ^ b                          # 对称差集不同时包含于集合 a 和集合 b 的元素
{'r','d','b','m','z','l'}
```

5.6 字典

字典(Dictionary)是 Python 语言中唯一的映射类型，用于存放具有映射关系的数据，它是通过一组键(key)-值(value)对组成，这种结构类型通常也被称为映射，或者叫关联数组或哈希表。以字典方式组织数据可以实现按关键字查找和读取、修改信息。具有无序、嵌套、可变长度和可变类型等特点。

5.6.1 创建字典

字典中的键、值成对出现，之间由":"隔开，每对之间用","隔开，整个字典用"{}"括起来。创建字典的语法格式如下：

字典名={键 1:值 1,键 2:值 2,……键 n:值 n}

在同一个字典中，如果多个"键：值"对有相同的"键"，只保留最后一个。

例如：

```
Dictionary1={"语文":80,"数学":85,"计算机":95}
Dictionary2={"city1":"西安","city2":"北京"}
Dictionary3={"city1":"西安","city2":"北京","city2":"上海"}
                                                        #city2 的有效值是上海
Dictionary4={"office":{"room1":"computer","room2":"finance"},"lab":{"lab1":"
applied mathematics","lab2":"    physics"}}              #字典的嵌套
Dictionary5={}                                          #创建空字典
```

需要注意的是，Dictionary5={}是创建空字典，创建空集合要用 Dictionary5=set()，即要用 set()函数创建空集合。

利用 dict()函数和推导式创建字典。

例如：

```
>>> Dictionary6=dict([["语文":80],["数学":88],["计算机":89]])
>>> Dictionary7=dict(i:i*i for i in range(5,25,5))
                                    #等价于 Dictionary7={5:25,10:100,15:225,20:400}
```

5.6.2 访问字典

字典是一个无序序列，对字典的访问是根据“键”来找对应的“值”。语法格式如下：

字典名[键]

例如：

```
>>>score=Dictionary1["语文"]
```

5.6.3 更新字典

1. 添加或修改元素值

通过赋值语句可添加、修改元素值，语法格式如下：

字典名[键]=值

功能：

如果在字典中没有找到指定的“键”，则在字典中增加一个“键—值”对；如果找到，则用指定的“值”替换现有值。

例如：

```
>>>Dictionary1={"语文":80,"数学":85,"计算机":95}
>>>Dictionary1["数学"]=100 #修改成绩
>>> Dictionary1
{'语文':80,'数学':100,'计算机':95}
>>>Dictionary1["英语"]=70
>>> Dictionary1
{'英语':70,'语文':80,'数学':100,'计算机':95}
```

2. 删除字典和字典元素

删除字典和字典元素的语法如下：

del 字典名[键]

功能：

如果只有字典名，删整个字典。当字典中有给定的“键”，就删除该“键”和对应的“值”。

例如：

```
>>>del Dictionary1["计算机"]
```

```
>>>del Dictionary1
```

字典元素的删除还可以通过 del()函数和 pop()函数实现，语法格式分别如下：

```
del(字典名[键])
```

功能：
删除字典中指定“键”及相对应的“值”。

```
字典名.pop(键,值)
```

功能：
字典中存在指定的“键”，则返回对应的“值”，同时删除这个“键－值”对；否则返回函数中给定的“值”。
例如：

```
>>>Dictionary1={"语文":80,"数学":85,"计算机":95}
>>>del(Dictionary1["数学"])
>>> Dictionary1.pop("语文":100)
                    #字典 Dictionary1 中存在"语文",函数返回 100,删除"语文":80 这个键值对
>>> Dictionary1.pop("英语":100)
                    #字典 Dictionary1 中不存在"英语",返回值为 100
```

5.6.4 字典的内置函数和方法

字典的其他常用内置函数和方法如表 5-4 所示。

表 5-4 字典的常用内置函数和方法

函数或方法	功能
len(dictionary1)	字典中元素的个数
str(dictionary1)	输出字典
dictionary1.clear()	删除字典中的所有元素，成为空字典
dictionary1.get(键，默认值)	返回指定键的值，否则返回默认值
dictionary1.popitem()	从字典中随机取出一个“键—值”对，以元组(键，值)的形式返回，同时该“键—值”对从字典中删除
dictionary1.keys()	返回字典中所有的“键”
dictionary1.values()	返回字典中所有的“值”
dictionary1.items()	返回字典中所有的“键—值”对
键 in dictionary1	字典中存在“键”则返回 True 否则返回 False
dictionary1.update(dictionary2)	把字典 dictionary2 的“键—值”对更新到字典 dictionary1 中

注：dictionary1、dictionary2 是已经存在的字典名。

5.6.5 字典的应用举例

【例 5.1】猜字游戏(记录游戏过程数据)。

分析：随机产生一个待猜的整数，猜测过程中把猜测的数据放到列表中并判断是否猜对并给出提示，猜对时输出猜测次数和猜测的过程数据，结束游戏。

代码如下：

```
#guessgame.py
import random
r=random.randint(1,100)              #r代表随机生成的整数
progressdata=[]                      #列表用来存放猜测过程数据
print("游戏马上开始,请做好准备!")
while True:
    guess=int(input("请输入你所猜数字(1,100):"))
    progressdata.append(guess)
    if guess>r:
        print("你猜大了")
    if guess<r:
        print("你猜小了")
    if guess==r:
        print("恭喜！你猜对了")
        print("你共猜测的次数:",end="\t")
        print("{:}".format(len(progressdata)))
        print("你依次猜测的数分别是:")
        print(progressdata)
        break
print("游戏结束")
```

输出结果如下：

```
游戏马上开始,请做好准备!
请输入你所猜数字(1,100):60
你猜大了
请输入你所猜数字(1,100):50
你猜大了
请输入你所猜数字(1,100):40
你猜大了
请输入你所猜数字(1,100):30
你猜大了
请输入你所猜数字(1,100):20
你猜大了
请输入你所猜数字(1,100):10
```

```
你猜大了
请输入你所猜数字(1,100):5
你猜大了
请输入你所猜数字(1,100):2
你猜小了
请输入你所猜数字(1,100):3
恭喜! 你猜对了
你共猜测的次数:9
你依次猜测的数分别是:
[60,50,40,30,20,10,5,2,3]
游戏结束
```

【例 5.2】利用字典改进猜字游戏。

分析：随机产生一个待猜的整数，猜测过程中把猜测的数据放到字典中并判断是否猜对并给出提示，猜对时输出猜测次数和猜测的过程数据，结束游戏。

代码如下：

```
#guessgame(dictionary).py
import random
r=random.randint(1,100)
i=1                                 #表示字典中的键
progressdata={}
print("游戏马上开始,请做好准备!")
while True:
    guess=int(input("请输入你所猜数字(1,100):"))
    progressdata[i]=guess           #将所猜的数添加到字典中
    if guess>r:
        print("你猜大了")
    if guess<r:
        print("你猜小了")
    if guess==r:
        print("恭喜! 你猜对了!")
        print("你共猜测的次数:",end=" ")
        print("{:}".format(len(progressdata)))
        print("你依次猜测的数分别是:")
        print(progressdata)
        break
    i=i+1
print("游戏结束!")
```

运行结果如下：

```
游戏马上开始,请做好准备!
```

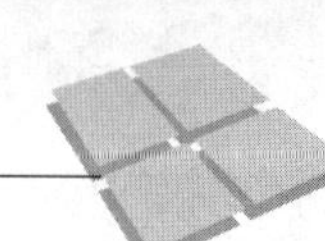


```
请输入你所猜数字(1,100):90
你猜大了
请输入你所猜数字(1,100):80
你猜大了
请输入你所猜数字(1,100):70
你猜大了
请输入你所猜数字(1,100):60
你猜大了
请输入你所猜数字(1,100):50
你猜大了
请输入你所猜数字(1,100):40
你猜大了
请输入你所猜数字(1,100):30
你猜大了
请输入你所猜数字(1,100):20
你猜小了
请输入你所猜数字(1,100):25
你猜小了
请输入你所猜数字(1,100):29
恭喜！你猜对了！
你共猜测的次数:10
你依次猜测的数分别是：
{1:90,2:80,3:70,4:60,5:50,6:40,7:30,8:20,9:25,10:29}
游戏结束!
```

本章小结

本章讲解了 Python 中的列表、元组、字符串、字典和集合共 5 种组合数据类型以及它们的特点、基本操作、使用方法等。

Python 中的三大数据类型，分别是序列类型、集合类型、映射类型。序列类型包括字符串、元组、列表；集合类型包括集合；映射类型包括字典。其中，字符串是一种重要而且提供了多种处理方式的数据类型，很多实际问题的解决需要用到字符串。列表也是 Python 中使用最为频繁的数据类型之一。

序列类型相比于集合类型在实际应用中使用频率更高。通用的序列操作，即字符串、列表、元组都可以进行的操作，如索引、分片、序列相加、长度、最小值、最大值等。集合类型中的元素存在无序性，无法通过下标索引锁定集合类型中的每一个数值，且相同元素在集合中唯一存在。非常值得我们注意的一点是：集合中的元素类型只能是固定的数据类型，即其中不能存在可变数据类型。固定数据类型如整数、浮点数、字符串、元组等可以作为集合中的存储元素；而由于列表、字典以及集合类型的可变性，它们不可作为集合中的数据元素。集合类型与其他类型的最大的不同之处在于它不包含重复元素，因此，当面对一维数据进行去重或进行数据重复处理时，一般通过集合去完成。映射类型是键值对的集合，也存在无序性，通过键我们可以找出该键对应的值，换一个角度来讲，键代表一个属性，值则代表这个属性代表的内容。

程序设计语言的基础是数据类型，因此，我们要理解并掌握本章的内容，为后继内容的学习和应用奠定基础。

习　题

一、填空题

1. Python序列类型包括________、________、________三种；________是Python中唯一的映射类型。

2. 设s="programming"，则s[3]值是________，s[3:5]值是________，s[：5]值是________，s[3:]值是________，s[::2]值是________，s[::－1]值是________，s[－2:－5]值是________。

3. 删除字典中的所有元素的函数是________，可以将一个字典的内容添加到另外一个字典中的函数是________，返回包含字典中所有键的列表的函数是________，返回包含字典中所有值的列表的函数是________，判断一个键在字典中是否存在的函数是________。

4. 表达式[1，2，3]＊3的执行结果为________。

5. 任意长度的Python列表、元组和字符串中最后一个元素的下标为________。

6. Python语句list(range(1，10，3))执行结果为________。

7. 表达式set([1，1，2，3])的值为________。

8. 已知x={1，2，3}，那么执行语句x.add(3)之后，x的值为________。

9. 已知x=[1，2，3，4，5]，那么执行语句del x[1:3]之后，x的值为________。

10. 表达式{1，2，3，4}－{3，4，5，6}的值为________。

11. 表达式set([1，1，2，3])的值为________。

12. 已知x=[3，7，5]，那么执行语句x.sort(reverse=True)之后，x的值为________。

二、选择题

1. 以下不能创建一个字典的语句是(　　)。

A. dict1={}

B. dict2={3：5}

C. dict3=dict([2，5]，[3，4])

D. dict4=dict(([1，2]，[3，4]))

2. 下面不能创建一个集合的语句是(　　)。

A. s1=set()　　B. s2=set("abcd")

C. s3=(1, 2, 3, 4)　　D. s4=frozenset((3, 2, 1))

3. 下列哪种不是Python元组的定义方式?(　　)

A. (1)　　B. (1,)　　C. (1, 2)　　D. (1, 2, (3, 4))

4. 下列哪种类型是Python的映射类型?(　　)

A. str　　B. list　　C. tuple　　D. dict

5. 关于字符串下列说法错误的是(　　)。

A. 字符应该视为长度为1的字符串

B. 字符串以\0标志字符串的结束

C. 既可以用单引号,也可以用双引号创建字符串

D. 在三引号字符串中可以包含换行回车等特殊字符

6. 设str='python',想把字符串中的第一个字母大写,其他字母是还是小写,正确的选项是(　　)。

A. print(str[0]. upper()+str[1:])

B. print(str[1]. upper()+str[-1:1])

C. print(str[0]. upper()+str[1:-1])

D. print(str[1]. upper()+str[2:])

7. 下列代码中,执行时会报错的是(　　)。

A. v1={}　　B. v2={3:5}

C. v3={[1,2,3]:5}　　D. v4={(1,2,3):5}

8. 要将3.1415926变成00003.14,正确的格式化是(　　)。

A. "%.2f"% 3.1415629　　B. "%8.2f"% 3.1415629

C. "%0.2f"% 3.1415629　　D. "%08.2f"% 3.1415629

三、简答题

1. 举例说明列表与元组的异同。

2. 哪些Python类型是按照顺序访问的?它们和映射类型的不同之处是什么?

3. 举例说明元组、列表、字典、集合和字符串的应用场景。

四、编程题

1. 有如下列表:

list=["hello",'seven',["mon",["h","shanzhiyuan"],'great'],123,446]

请编写程序,实现下列功能:

(1)输出"shanzhiyuan"。

(2)使用索引找到"great"元素并将其修改为"GREAT"。

2. 有如下元组:

```
tu=('alex','eric','rain')
```

请编写程序，实现下列功能：

(1)计算元组长度并输出。

(2)获取元组的第2个元素，并输出。

(3)获取元组的第1和第2个元素，并输出。

(4)使用for输出元组的元素。

(5)使用for、len、range输出元组的索引。

3. 编写代码，实现下列变换：

(1)将字符串s="Python"转换成列表。

(2)将字符串s=" Python "转换成元祖。

(3)将列表li=["Python ","seven"]转换成元组。

(4)将元祖tu=(' Python ',"seven")转换成列表。

4. 编写程序，使用列表实现两个矩阵的加法运算，两个作为加法的矩阵用列表表示，求和最后也用列表表示。

5. 编写程序，计算某门课程的平均成绩、最高成绩、最低成绩，成绩从键盘输入并存入元组。

6. 利用字典统计某个学生的所有课程的总分和平均分。

7. 利用集合统计某个学生的所有课程的总分和平均分。

8. 从键盘输入一个字符串，把字符串中的数字字符分离出来并组成一个整数，再乘数字字符的个数并输出结果。

第 6 章　Python 函数与模块

本章概述

Python 通过函数实现程序的模块化，以模块的方式组织程序单元。模块可以看作一组函数的集合，一个模块可以包含若干个函数。本章主要讲述函数的定义和调用、函数参数的传递、变量的作用域以及模块的定义和导入。

学习目标

1. 掌握函数的定义和调用方法。
2. 掌握 Python 模块的定义和导入方法。

6.1　函数概述

函数是一组实现某一特定功能的语句集合，是可以重复调用、功能相对独立完整的程序段。

在 Python 中，可以从不同角度对函数进行分类。

1. 从用户的使用角度分类

从用户的使用角度分类，函数分为系统函数和用户自定义函数。系统函数包括 Python 内置函数、标准模块中的函数以及各种对象的成员方法等。用户自定义函数是用户根据需要自己编写的函数。

2. 从函数参数传递角度分类

从函数参数传递角度分类，函数分为有参函数和无参函数。有参函数即在函数定义时带有参数的函数。在函数定义时的参数称为形式参数(形参)，在函数调用时的参数称为实际参数(实参)。在函数调用时，主调函数和被调函数之间通过参数进行数据传递，主调函数可以把实际参数的值传给被调函数的形式参数。无参函数即在函数定义时没有形式参数的函数，在函数调用时，主调函数并不将数据传送给被调函数。

模块是更高级别的程序组织单元，模块分为系统模块和用户自定义模块。用户自定义模块是一个扩展名为“Py”的程序文件，在一个模块中可以包含多个函数。在编程实践中，可以将经常用到的程序代码定义成函数放在不同的模块文件中，在需要时可以导入模块调用其中的各个函数，以提高代码的重复利用率。

6.2 函数的定义和调用

在编程时，Python 提供的内置函数可以在代码中直接调用，例如输入函数 input()和输出函数 print()，也可以将经常重复使用的程序代码定义成函数，然后在需要时调用该函数，以实现某种功能。

6.2.1 函数的定义

函数由函数名、形式参数和函数体组成。

创建用户自定义函数可以使用 def 语句来实现，其语法格式如下：

```
def 函数名([形式参数])：
函数体
[return [表达式]]
```

说明：

(1)以 def 关键词开头进行函数的定义，不需要指定返回值的类型。

(2)参数括号后边的冒号"："必不可少。

(3)形参表包含在函数名后面的圆括号内，参数可以有多个(用逗号分开)，形式参数是可选的。

(4)函数体中每条语句采用右缩进，第一行可以选择性地使用文档字符串，用于存放函数说明，文档字符串通常是使用三引号注释的多行字符串。

(5)return 语句是可选的，它可以在函数体内任何地方出现，表示函数调用执行到此结束。如果没有 return 语句，或者使用了不带表达式的 return 语句，系统则返回 None。

(6)函数体内可以有多条 return 语句，可以出现在程序的任意位置，一旦第一个 return 语句得到了执行，函数将立即终止。

(7)Python 允许定义函数体为空的函数，其一般形式为：

```
def 函数名()：
    pass
```

空函数出现在程序中的目的：在函数定义时，因函数的算法还未确定或者暂时来不及编写或者有待于完善和扩充等原因，未给出函数完整的定义。

【例 6.1】定义函数，求两个数的最大值。

```
def max(a,b)：
  if a>b：
      return a
  else：
      return b
```

6.2.2 函数的调用

在 Python 中通过函数调用来进行函数的控制转移和相互间数据的传递。

函数调用的格式：

```
函数名([实际参数])：
```

说明：

(1)函数调用时传递的参数是实参，实参可以是变量、常量或表达式。

(2)实参可以有多个(用逗号分开)。

(3)对于无参函数，调用时实参列表为空，但()不能省略。

函数调用过程：

(1)为所有形参分配内存单元，再将主调函数的实参传递给对应的形参。

(2)转去执行被调用函数，为函数体的变量分配内存单元，执行函数体内语句。

(3)遇到 return 语句时，返回主调函数并带回返回值(无返回值的函数例外)，释放形参及被调用函数中各变量所占用的内存单元，返回到主调函数继续执行。若无 return 语句，则执行完被调用函数后回到主调函数。

【例 6.2】编写程序，求 3 个数中的最大值。

```
def getmax(a,b,c):
   if a>b:
        max=a
   else:
        max=b
if(c>m):
        max=c
   return   max
a,b,c=eval(input("input a,b,c:"))
n=getmax(a,b,c)
print("max=",n)
```

程序输出结果：

```
input a,b,c:
max=
```

提示：在 Python 中不允许前向引用，即在函数定义之前，不允许调用该函数。

例如：

```
print(add(1,2))


def add(a,b):
   return   a+b
```

程序运行结果：

```
Traceback(most recent call last):
      File "f:/python/add. py",line 1,in<module>
          Print(add(1,2))
Nameerror:name 'add' is not defined
```

所以在任何时候调用函数，必须确保其定义在调用之前，否则运行将出错。

6.3 函数的参数及返回值

函数作为一个数据处理的功能部件，是相对独立的。但在一个程序中，各函数要共同完成一个总的任务，所以函数之间必然存在数据传递。函数间的数据传递包括两个方面。

(1)数据从主调函数传递给被调函数(通过函数的参数实现)。

(2)数据从被调函数返回到主调函数(通过函数的返回值实现)。

6.3.1 形式参数和实际参数

在函数定义的首部，函数名后括号中的变量简称形参。形参的个数可以有多个，各个形参之间用逗号隔开。与形参相对应，当一个函数被调用的时候，在被调用处给出对应的参数，这些参数简称实参。

根据实参传递给形参值的不同，通常有值传递和地址传递两种方式。

1. 值传递方式

值传递方式是指在函数调用时，为形参分配存储单元，并将实参的值复制到形参；函数调用结束，形参所占内存单元被释放，值消失。其特点：形参和实参各占不同的内存单元，函数中对形参值的改变不会改变实参的值。

【例 6.3】函数参数的值传递方式。

代码如下：

```
def swap(a,b):
    a,b=b,a
  print("a=",a,"b=",b)


x,y=eval(input("input x,y:"))
swap(x,y)
print("x=",x,"y=",y)
```

程序输出结果：

```
input x,y:3,5
a=5 b=3
```

```
x=3 y=5
```

在调用 swap(a, b)时，实参 x 的值传递给了形参 a，实参 y 的值传递给了形参 b，在函数中通过交换赋值，将 a 和 b 的值进行交换。从程序运行结果可以看出，形参 a 和 b 的值进行了交换，而实参 x 和 y 的值并没有交换。其函数参数值传递调用过程如图 6-1 所示。

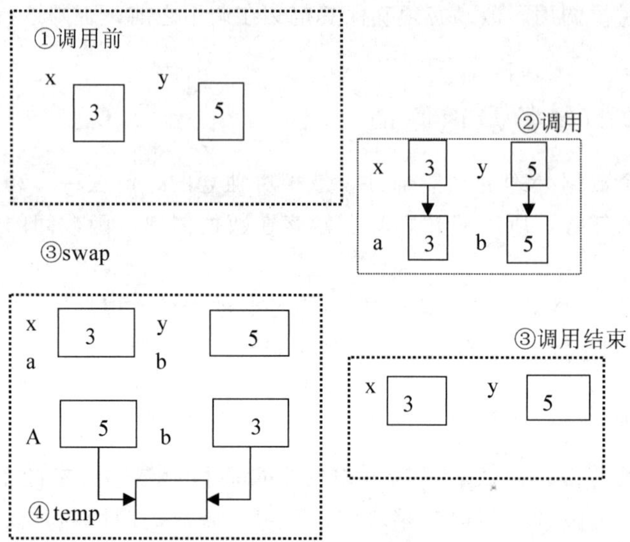

图 6-1　函数参数值传递方式

2. 地址传递方式

地址传递方式是指在函数调用时，将实参数据的存储地址作为参数传递给形参。其特点：形参和实参占用同样的内存单元，函数中对形参值的改变也会改变实参的值。

【例 6.4】函数参数的地址传递方式。

代码如下：

```
def swap(a_list):
    a_list[0],a_list[1]=a_list[1],a_list[0]
  print(" a_list[0]=",a_list[0]," a_list[1]=",a_list[1])

x_list=[3,5]
swap(x_list)
print(" x_list[0]=",x_list[0]," x_list[1]=",x_list[1])
```

程序输出结果：

```
a_list[0]=5 a_list[1]=3
x_list[0]=5 x_list[1]=3
```

程序第 6 行，在调用 swap(x _ list)时，将列表对象实参 x _ list 的地址传递给了形参 a _ list，x _ list 和 a _ list 指向同一个内存单元；程序第 2 行在 swap 函数中 a _ list[0]和 a _ list[1] 进行数据交换时，也使 x _ list[0]和 x _ list[1]的值进行了交换。

6.3.2 默认参数

在 Python 中，为了简化函数的调用，提供了默认参数机制，可以为函数的参数提供默认值。在函数定义时，直接在函数参数后面使用赋值运算符"="为其设置默认值。在函数调用时，可以不指定具有默认值的参数的值。

【例 6.5】默认参数应用举例。

代码如下：

```
def func(x,n=2):
    f=1
  For i in range(n):
      f*=x
  Return f


print(func(5))
print(func(5,3))
```

程序输出结果：

```
25
125
```

在函数 func 中有两个参数，其中 n 是默认参数，其值为 2。

在定义含有默认参数的函数时，需要注意：

(1)所有位置参数必须出现在默认参数前，包括函数调用。

例如下面的定义是错误的：

```
def func(a=1,b,c=2)
        Return a+b+c
```

这种定义会造成歧义，如果使用调用语句：

```
        func(3)
```

进行函数调用，实参 3 将不确定传递给哪个形参。

(2)默认参数的值只在定义时被设置计算一次。如果函数修改了对象，默认值就被修改了。

【例 6.6】可变默认参数应用举例。

代码如下：

```
def func(x,a_list=[ ]):
    a_list.append(x)
```

```
        return a_list

    print(func(1))
    print(func(2))
    print(func(3))
```

程序输出结果：

```
[1]
[1,2]
[1,2,3]
```

从程序运行结果可以看出，第一次调用 func 函数时，默认参数 a _ list 被设置为空列表，在函数调用过程中，通过 append 方法修改了 a _ list 对象的值；第二次调用时，a _ list 的默认值为[1]；第三次调用时，a _ list 的默认值为[1，2]。

也可以将默认参数设定为不可变对象，如例 6.7。

【例 6.7】不可变默认参数应用举例。

代码如下：

```
def func(x,a_list=None)：
    If  a_list=None：
        a_list=[ ]
    a_list.append(x)
    return a_list


print(func(1))
print(func(2))
print(func(3))
```

程序输出结果：

```
[1]
[2]
[3]
```

从程序运行结果可以看出，a_list 指向的是不可变对象，程序第 3 行对 a _ list 的操作会造成内存重新分配，对象重新创建。

6.3.3 改变实参值的设定参数传递

如果实参对象是可变对象(如列表、字典、集合等)，操作在被调用函数执行后，形参值的改变会影响到对应的实参值。

【例 6.8】改变实参值的参数传递方式。

代码如下：

```
def fun(list2,n):
      print("list2=",list2)
   for i in range(n):
         list2[i]=int(list2[i] * 1.2)


print("list2=",list2)
List1=[10,20,30,40,50]
print("list1=",list1)
fun(list1,5)
print("list1=",list1)
```

程序输出结果：

```
List1=[10,20,30,40,50]
List2=[10,20,30,40,50]
List2=[12,24,36,48,60]
List1=[12,24,36,48,60]
```

说明：由于列表是可变对象，所以函数中对 List2(实际上也是 List1)的操作可在原值上进行。

6.3.4 位置参数

在函数调用时，实参默认采用按照位置顺序传递给形参的方式。调用函数时实参的个数、位置要与定义函数时形参的个数、位置一致，即实参是按出现的位置与形参对应，与参数的名称无关，此时的参数称为位置参数。

【例 6.9】位置参数应用举例。

代码如下：

```
def func(a,b):
  c=a * * b
  return c


print(func(2,3))
print(func(3,2))
```

程序输出结果：

```
8
9
```

6.3.5 关键字参数

在函数调用时，也可以明确指定把某个实参值传递给某个形参，此时的参数称为关键字参数。关键字参数不再按位置进行对应。

【例 6.10】关键字参数应用举例。

代码如下：

```
def func(a,b):
    c=a**b
    return c

print(func(a=2,b=3))
print(func(b=3,a=2))
```

程序输出结果：

```
8
8
```

关键字参数的优点：不需要记住形参的顺序，只需指定哪个实参传递给哪个形参即可，而且指定顺序也可以和定义函数时的形参顺序不一致，这对于形参个数较多的情形是方便的，而且能够很好地保证参数传递正确。

6.3.6 可变长参数

在 Python 中，除了可以定义固定长度参数(参数个数固定)的函数外，还可以定义可变长度参数的函数。

在定义函数时，可变长度参数主要有两种形式：单星号参数和双星号参数。单星号参数是在形参名前面加一个星号(*)，把接收的多个参数实参组合在一个元组内，以形参名为元组名；双星号参数是在形参名前面加两个星号(**)，把接收的多个参数实参组合在一个字典内，以形参名为字典名。

1. 元组

当函数的形式参数以*开头时，表示变长参数被作为一个元组来进行处理。

例如：

```
def func(*para_t)
```

在 func()函数中，para_t 被作为一个元组来处理。可以使用 para_t[索引]的方法获取每一个可变长参数。

【例 6.11】单星号可变长度参数应用举例。

代码如下：

```
def func(*para_t):
```

```
    print("可变长参数数量为:")
    print(len(para_t))
    print("参数依次为:")
    for x in range(len(para_t)):
        print(para_t(x))

func('a')
func(1,2,3,4)
```

程序输出结果：

```
可变长参数数量为:
1
参数依次为:
a
可变长参数数量为:
4
参数依次为:
1
2
3
4
```

说明：

(1)参数 para _ t 前面有一个 *，Python 解释器会把形参 para _ t 看作可变长度参数，可以接收多个实参，并把接收的多个实参组合成一个名字为 para _ t 的元组。

(2)第一次调用 func()函数时，将 1 个数值传递给可变长度形参 para _ t，并组合为包含 1 个元素、名字为 para _ t 的元组。

(3)第二次调用 func()函数时，将 4 个数值传递给可变长度形参 para _ t，并组合为包含 4 个元素、名字为 para _ t 的元组。

2. 字典

当函数的形式参数以 * * 开头时，表示变长参数被作为一个字典来进行处理。

例如：

```
def func( * * para_t)
```

在 func()函数中，para _ t 被作为一个字典来处理。可以使用任意多个实参。实参的格式为：

```
键=值
```

其中，字典的键值对分别表示可变参数的参数名和值。

【例 6.12】双星号可变长度参数应用举例。

代码如下：

```
def func(**para_t):
    print(para_t)


func(a=1,b=2,c=3)
```

程序输出结果：

```
{'a':1,'b':2,'c':3}
```

说明：

(1)参数 para_t 前面有两个 * *，Python 解释器会把形参 para_t 看作可变长度参数，可以接收多个实参，并把接收的多个实参组合成一个名字为 para_t 的字典。

(2)调用 func()函数时，将 3 个数值传递给可变长度形参 para_t，并组合为包含 3 个元素、名字为 para_t 的字典。

(3)每个实参值应以"键＝值"的形式提供，"键"不需要加引号，"值"若是字符串则需要加引号。

注意：在调用函数时，也可以不指定可变长参数，此时可变长参数是一个没有元素的元组或字典。

【例 6.13】不指定可变长度参数应用举例。

代码如下：

```
def func(*para_t):
    sum=0
    for x in para_t:
        sum+=x
    return sum


print(func())
```

程序输出结果：

```
0
```

说明：

在程序调用 func()函数时，没有指定参数，因此元组 para_t 没有元素，函数的返回值为 0。

注意：在一个函数中，允许同时定义普通参数以及上述两种形式的可变参数。

【例 6.14】使用多种形式的可变长度参数应用举例。

代码如下：

```
def func(para,*para_a,**para_b):
```

```
    print("para:",para)
    for x in para_a:
        print("other para:",x)
    for k in para_b:
        print("dictpara:{0}:{1}".format(k,para_b[k]))

Func(1,'a',True,name='Harry',age=18)
```

程序运行结果：

```
para:1
other para:a
other para:True
dictpara:name:Harry
dictpara:age:18
```

说明：

在程序调用 func()函数时，实参有 5 个，第一个对应形参 para，第二个、第三个对应形参 para _ a，第四个、第五个对应形参 para _ b。

注意：可变长参数与默认参数、位置参数同时使用。

【例 6.15】使用多种形式的可变长度参数应用举例。

代码如下：

```
def func(x, * para,y=1):
    print(x)
    print(para)
    print(y)
func(1,2,3,4,5,6,7,8,9,10,y=100)
```

程序运行结果：

```
1
(2,3,4,5,6,7,8,9,10)
100
```

说明：

在程序调用 func()函数时，第一行输出的是 x 的值；第二行输出的是 para 的值，以元组形式输出；第三行输出的是 y 的值。

6.4 函数的嵌套与递归调用

在 Python 中，函数 f1 可以调用函数 f2，函数 f2 可以再调用函数 f3，如此下去，便可以形成函数的多级调用。函数的多级调用有两种形式：一是嵌套调用，二是递归调用。

6.4.1 函数的嵌套

Python 语言允许在一个函数定义中出现对另一个函数的调用，即在被调用函数中又调用了其他函数。这就是函数的嵌套调用。

【例 6.16】用函数的嵌套机制，求 100～200 中能够被 3 整除的数之和。

分析：

(1)求 100～200 中能够被 3 整除的数；

(2)求(1)中所得数之和。

则设计两个函数，一个是 fun()，用于判断一个数能否被 3 整除；一个是 sum()，用于求若干个数之和。

代码如下：

```
def func(num)：
  if(num%3==0)：
      flag=true
  else：
      flag=false
  return flag

def sum(m,n)：
  sum=0
  for i in range(m,n+1)：
    if(fun(i))：
        sum+=i
  return sum
```

6.4.2 函数的递归

一个函数在它的函数体内直接或间接调用它自身称为递归调用，这种函数称为递归函数。Python 允许函数的递归调用。在函数中直接调用函数本身称为直接递归调用。在函数中调用其他函数，在其他函数又调用原函数，称为间接递归调用。函数的调用如图 6-2 所示。

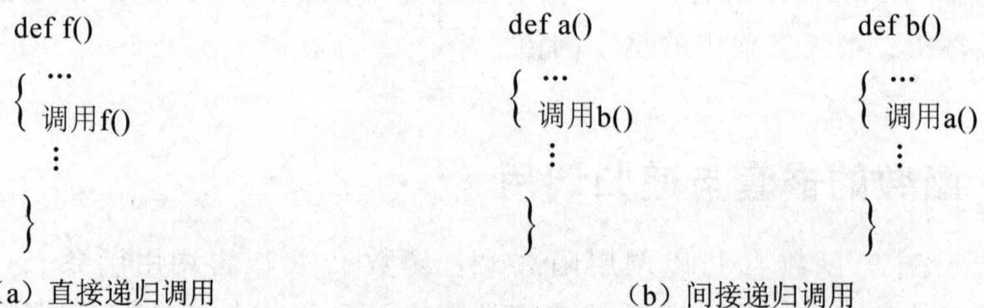

图 6-2 函数的递归调用

【例 6.17】用函数的递归调用，求 n!。

分析：

求 n!，其公式为：$n! = \begin{cases} 1 & (n=0) \\ n*(n-1)! & (n>0) \end{cases}$。

代码如下：

```
def main():
  n=eval(input("n=")):
  if n<0:
      print("error!")
  else:
      print factorial(n)

def factorial(k):
  if(k==0|k==1):
    return 1
  else:
    return k * factorial(k-1)
main()
```

程序输出结果：

```
n=  5    (等待用户从键盘输入一个整数,假如输入 5)
120
```

计算 5! 时 factorial()函数的递归调用过程如图 6-3 所示。

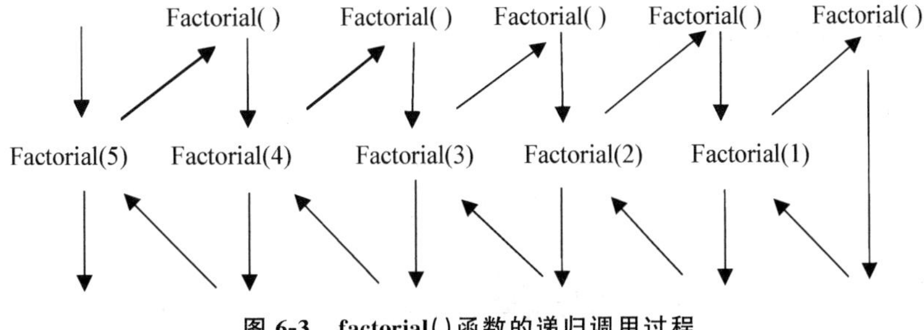

图 6-3　factorial( )函数的递归调用过程

递归调用的执行分两个阶段完成：

第一阶段是逐层调用，调用的是函数自身。

第二阶段是逐层返回，返回到调用该层的位置继续执行后续操作。

递归调用是多重嵌套调用的一种特殊情况，每层调用都要用堆栈保护主调层的现场和返回地址。调用的层数一般比较多，递归调用的层数称为递归的深度。

【例 6.18】回文单词判断。

分析：

回文单词是指一个单词从前往后读跟从后往前读是一样的，如 pullup、racecar 等。因为回文单词的第一个和最后一个字母是相同的，并且去掉这两个字母之后剩下的单词仍然是回文单词。所以可以利用递归来判断一个单词是否是回文单词。

代码如下：

```
def isPalindrom(word):
    word=word.lower()
    if len(word)<=1:
        return True
    elif word[0]==word[-1]:
        word=word[1:-1]
        return isPalindrom(word)
else:
    return False

>>>print isPalindrom("them")
```

程序输出结果：

```
False
>>>print isPalindrom("they are happyyppah era yeht")
True
```

6.5　变量的作用域

当程序中有多个函数时，定义的每个变量只能在一定的范围内访问，称之为变量的作用域。按作用域划分，可以将变量分为全局变量和局部变量。

6.5.1　全局变量

在所有函数之外定义的变量称为全局变量，它可以在多个函数中被引用。任何函数都能读取全局变量的值，然而它的值不能在函数的内部进行修改。

例如：

```
m=2
def func1(a):
  Print(m)
……
n=1
def func2(a,b):
```

```
    n=a*b
  ……
```

变量 m 和 n 为全局变量，在函数 func1()和 func2()中可直接引用。

在修改语句前增加下面的语句就可以修改全局变量的值：

```
global variableName
```

说明：

global 语句仅影响所在函数体内其后的语句，它不允许在其他函数内部修改全局变量的值。

【例 6.19】全局变量应用举例。

代码如下：

```
x=20
def func():
  global x
print("x=",x)
x=30
print("全局变量 x=",x)


func():
print("x=",x)
```

程序输出结果：

```
x=20
全局变量 x=30
x=30
```

6.5.2 局部变量

在一个函数内或者语句块内定义的变量称为局部变量。局部变量的作用域仅限于定义它的函数体或语句块内，任意一个函数都不能访问其他函数中定义的局部变量。因此，可以在不同的函数之间定义同名的局部变量。

例如：

```
def func1(a):
  x=a+10
……
def func2(a,b):
  x,y=a,b
……
```

说明：

(1)func1()函数中定义了形参 a 和局部变量 x，func2()函数中定义了形参 a、b 和局部变量 x、y，这些变量各自在定义它们的函数体中有效，其作用范围都限定在各自的函数中。

(2)不同的函数中定义的变量，即使使用相同的变量名也不会互相干扰，相互影响。func1()和 func2()函数都定义了变量 a 和 x，变量名相同，作用范围不同。

(3)形参也是局部变量，func1()函数中的形参 a。

【例 6.20】局部变量应用举例。

代码如下：

```
def func(x):
    print("x=",x)
x=30
print("局部变量 x=",x)

x=20
func(20):
print("main x=",x)
```

程序输出结果：

```
x=20
局部变量 x=30
main x=20
```

6.6 模块

在 Python 中，一个扩展名为".py"的程序文件就是一个模块(module)。为了方便组织和维护程序代码，通常可以将相关的代码存放到一个 Python 模块中。创建一个模块后，就可以在其他地方引用该模块中的函数。

6.6.1 定义模块

与函数类似，从用户的角度看，模块分为标准库模块和用户自定义模块。

1. 标准库模块

标准库模块是由 Python 提供的函数模块。Python 提供了丰富的标准库模块，可以用于文本处理、文件操作、操作系统功能、网络通信和网络协议等。另外，Python 还提供了大量的第三方模块，如科学计算、Web 开发、图形绘制、多媒体服务、图形用户界面构建以及数据库访问等。使用方式与标准库类似，表 6-1 列出常见的标准库模块。

表 6-1　常见的标准库模块

模块	其中部分函数处理的任务
os	删除和重命名文件
os. path	确定指定的文件夹中文件是否存在。此模块是 os 的子模块
pickle	在文件中存储对象(如字典、列表和集合)，并能从文件中取回对象
random	随机选择数字和子集
tkinter	支持程序拥有一个图形用户界面
turtle	支持图形化 turtle

2. 用户自定义模块

用户自定义模块是用户自己编写的 Python 程序文件，其中可以定义函数、类和变量，也可以包含可执行代码。创建一个模块并在其中定义某些函数和变量后，在其他需要这些功能的文件中可以导入这个模块并调用其中的函数。

6.6.2　导入模块

导入模块就是给出一个访问模块提供的函数、对象和类的方法。

模块的导入有以下 3 种方法。

1. 引入模块

格式：

```
import 模块 1[,as 别名 1][,模块 2[,as 别名 2]][,…,模块 n[,as 别名 n]]
```

说明：

导入模块。其中模块名是去掉扩展名".py"后的文件名。导入多个模块时，各个模块之间需要用逗号分隔。导入模块时还可以为模块指定别名，若模块名较长，可以指定一个简短的别名。

不管执行多少次 import 语句，一个模块只会被导入一次。

如果指定的模块不存在，或该模块未包含在 Python 搜索路径中，则执行 import 语句时将会引发 ModuleNotFoundError 错误。

【例 6.21】求列表中所有偶数之和。

代码如下：

```
def func_sum(a_list):
  s=0
for i in range(0,len(a_list)):
if a_list[i]%2==0:
    s=s+a_list[i]
return s
```

再写一个文件导入上面的模块：

```
import evensum
a_list=[1,2,3,4,5,6,7,8,9,10]
s=evensum.func_sum(a_list)
print("sum=",s)
```

程序运行结果：

```
sum=30
```

2. 引入模块中的函数

格式：

```
from 模块名 import 函数名
```

说明：

如果指定的函数未包含在模块中，则执行 from...import 语句时将引发 ImportError 错误；如果指定的函数包含在模块中，则可直接调用函数，而不必添加模块名作为前缀。

```
from evensum import func_sum
a_list=[1,2,3,4,5,6,7,8,9,10]
s=func_sum(a_list)
print("sum=",s)
```

3. 引入模块中的所有函数

格式：

```
from 模块名 import *
```

说明：

一次导入模块中的所有函数。

6.7 函数应用举例

【例 6.22】编写程序代码求$(1!)^2+(2!)^2+\cdots+(n!)^2$ 的值。

分析：

前面已经编写过求 n! 的函数 factorial()，此处只需要自定义函数 squareFac()和 main()，用函数的嵌套调用实现求表达式的和。

代码如下：

```
def main():
    sumFac=0
    i=1
```

```
    n=eval(input("请输入一个整数 n:"))
    while i<=n:
        sumFac=sumFac+squareFac(i)
        i=i+1
    print("前 n 个整数阶乘平方之和:",sumFac)

def squareFac(n):
    return factorial(n) * factorial(n)


def factorial(k):
    fac=1
i=1
    while i<=k:
        fac=fac * i
        i=i+1
        return fac


main()
```

程序输出结果：

```
请输入一个整数 n:6
前 n 个整数阶乘平方之和:533417
```

【例 6.23】编写程序将键盘随机输入的 10 个数据由小到大排列。

分析：

对 10 个数据由小到大排列可以采用插入排序、冒泡排序等多种方法，本例采用插入排序法。插入排序的基本操作是每一步都将一个待排数据按照大小插入到已经排序的数据中的适当位置，直到全部插入完毕。

插入算法把要排序的数组分成两部分：第一部分包含这个数列表的所有元素，但将最后一个元素除外，而第二部分只包含这一个元素(即插入元素)。在第一部分排序完成后，再将这个最后元素插入到已排好序的第一部分中。

排序过程：

(1)假设当前需要排序的元素(array[i])，跟已经排序好的最后一个元素(array[i−1])比较，如果满足条件继续执行后面的程序，否则循环到下一个要排序的元素；

(2)缓存当前要排序的元素的值，以便找到正确的位置进行插入；

(3)排序的元素要跟已经排好序的元素比较，比它大的向后移动；

(4)把要排序的元素，插入到正确的位置。

代码如下：

```
def insert_sort(array):
    for i in range(1,len(array)):
```

```
        if array[i-1]>array[i]:
            temp=array[i]
          index=i
          While index>0 and array[index-1]>temp:
            array[index]=array[index-1]
            index-=1
          array[index]=temp

b=input("请输入一组数据:")
array=[]
for i in b.split('.')
   array.append(int(i))
print("排序前的数据列:")
print(array)
insert_sort(array)
print("排序后的数据列:")
print(array)
```

程序输出结果:

```
请输入一组数据:100,43,65,101,54,65,4,2019,123,55
排序前的数据列:
【100,43,65,101,54,65,4,2019,123,55】
排序后的数据列:
【4,43,54,55,65,65,100,101,123,2019】
```

本 章 小 结

本章详细介绍了 Python 中函数和模块的定义与调用、函数的参数及返回值、递归函数等，通过编程举例和应用中的实例让读者更加清楚 Python 中函数与模块的使用。

习 题

1. 编写一个求水仙花数的函数，求出 100—999 之间的水仙花数。

2. 编写一个函数，求 1000 以内的所有完数。(所谓完数是指一个数等于它所有因子之和。例如 6 是一个完数，因为 6 的因子有 1、2、3，且 6=1+2+3)

3. 编写一个定义三角形面积的函数，从键盘上输入三条边 a、b、c 的值，判断能否构成三角形，若能，则计算三角形的面积；若不能，则返回字符串“None”。

4. 编写程序，通过导入相应模块，显示系统当前日期。

5. 编写程序，通过导入相应模块，列出当前目录中的所有文件。

第 7 章 Python 文件的使用

本章概述

数据以文件的形式进行存储，操作系统以文件为单位对数据进行管理。在 Python 中将待处理的数据存储到文件中，当需要处理文件中的数据时，通过文件处理函数，取得文件内的数据并存放到指定的文件中。异常是程序运行过程中发生的事件，此事件可以中断程序指令的正常执行流程，是程序常见的运行错误。本章主要讲述 Python 中文件的基本概念、文件的操作、与文件相关的模块及异常处理。

学习目标

1. 掌握 Python 中文件的打开、读/写、定位及关闭等常用操作。
2. 掌握 os 和 os. path 模块中关于目录/文件常用函数的使用。
3. 掌握 Python 中的异常处理。

7.1 文件概述

1. 文件与目录

文件是指存放在外部存储介质(磁盘、光盘、磁带等)上一组相关信息的集合。文件是通过目录来进行组织和管理的，目录提供了指向对应磁盘空间的路径地址。

当打开一个文件或者创建一个新文件时，一个数据流和一个外部文件相关联。

每个文件必须有一个文件名作为访问文件的标志，其结构为：

主文件名.扩展名

通常情况下包含盘符名、路径、主文件名和文件扩展 4 部分信息。

要访问一个文件，需要知道该文件所在的目录路径。路径按照参考点不同可以分为绝对路径和相对路径。绝对路径是指从根目录开始标识文件所在位置的完整路径；相对路径是相对于程序所在目录建立起来的引用文件所在位置的路径。

例如：在 D 盘的 Python 目录的 data 子目录中存放着文件 demo. txt，则该文件的绝对路径是由盘符、各级目录以及文件名 3 部分组成，即 D:\\python\\data\\demo. txt，也可以写成 D:/python/data/demo. txt。假如 Python 源程序文件保存在 Python 目录中，则上述文件的相对路径为：data\\demo. txt，也可以写成 data/demo. txt。

2. 文件的分类

可以从不同的角度对文件进行分类。

(1)根据文件依附的介质，分为普通文件和设备文件。普通文件是指驻留在磁盘或其他外部介质上的一个有序数据集，可以是源文件、目标文件、可执行程序，也可以是一组待输入处理的原始数据，或者是一组输出的结果。源文件、目标文件、可执行程序可以称作程序文件，输入和输出数据则称作数据文件。设备文件是指与主机相连的各种外部设备，如显示器、打印机、键盘等。在操作系统中，把外部设备也看作一个文件来进行管理，把它们的输入输出等同于对磁盘文件的读和写。

(2)根据文件的组织形式，分为顺序读写文件和随机读写文件。顺序读写文件是指按从头到尾的顺序读出或写入的文件，文件指针只能从头移动到尾。随机读写文件是相对顺序读写而言的，是指可以在任何时候将存取文件的指针指向文件内容的任何位置的文件，文件指针可以随意移动。一般情况下 SAS 机械硬盘主要看顺序读写性能，SSD 固态盘主要看随机读写性能。

(3)根据文件的存储形式，分为文本文件和二进制文件。

文本文件也称为 ASCII 文件，这种文件在磁盘中存放时每个字符对应一个字节，用于存放对应的 ASCII 码。

例如，数 5678 的存储形式为：

ASCII 码：　00110101 00110110 00110111 00111000

　　　　　　↓　　　　↓　　　　↓　　　　↓

十进制码：　5　　　　6　　　　7　　　　8

共占用 4 字节。

ASCII 码文件可在屏幕上按字符显示。例如，源程序文件就是 ASCII 文件，用 DOS 命令中的 TYPE 可显示文件的内容。由于是按字符显示，因此能读懂文件内容。

二进制文件是按二进制的编码方式来存放的文件。

例如，数 5678 的存储形式为：

00010110 00101110

只占 2 字节。

二进制文件虽然也可在屏幕上显示，但其内容无法读懂。系统在处理这些文件时，并不区分类型，都看成字符流，按字节进行处理。

在 Python 语言中，标准输入设备(键盘)和标准输出设备(显示器)是作为 ASCII 文件处理的，它们分别称为标准输入文件和标准输出文件。

7.2　文件操作

文件操作包括对文件本身的操作和对文件中信息的处理。主要有建立文件、打开文件、从文件中读数据或向文件中写数据、关闭文件等。一般的操作步骤为：①建立/打开文件；②从文件中读数据或向文件中写数据；③关闭文件。

7.2.1 文件的打开与关闭

1. 打开文件

在对文件进行读/写之前要先打开文件。所谓打开文件，实际上就是建立文件的各种有关信息，并使文件指针指向该文件，以便进行其他操作。

(1)open()函数

在 Python 中，可以使用内置函数 open()打开指定的文件并返回相应的文件对象，其调用格式为：

```
open(文件路径[,打开模式[,缓冲区[,编码]]])
```

说明：

1)文件路径参数是类路径对象，用于指定要打开文件的路径名，既可以是绝对路径，也可以是相对路径。

2)打开模式参数是一个可选的字符串，用于指定打开文件的模式，其默认值是“r”。文件的打开方式使用具有特定含义的符号表示，如表 7-1 所示。其中，r(read)读、w(write)写、a(append)追加、t(text)文本文件、b(binary)二进制文件、+读和写。

表 7-1 文件的打开方式

打开模式	功能	打开模式	功能
rt	以只读模式打开一个文本文件	rt+	以可读/写模式打开一个文本文件
wt	以只写模式打开一个文本文件	wt+	以可读/写模式打开一个文本文件
at	以追加模式打开一个文本文件	at+	以可读/写模式打开一个文本文件
rb	以只读模式打开一个二进制文件	rb+	以可读/写模式打开一个二进制文件
wb	以只写模式打开一个二进制文件	wb+	以可读/写模式打开一个二进制文件
ab	以追加模式打开一个二进制文件	ab+	以可读/写模式打开一个二进制文件

3)缓冲区参数是一个整数，用于设置文件操作是否使用缓冲区，取值有 0、1、-1 和大于 1 四种。该参数的默认值为-1，表示使用缓冲存储，并使用系统默认的缓冲区大小；如果该参数设置为 0，则表示不使用缓冲存储；如果该参数设置为 1(仅适用于文本文件)，则表示使用行缓冲；如果该参数设置为大于 1 的整数，则表示使用缓冲存储，并且缓冲区的大小由该参数指定。

4)编码参数指定用于指定文件所使用的编码格式，该参数只在文本模式下使用。该参数没有默认值，默认编码方式依赖于平台，在 Windows 平台上默认的文本文件编码格式为 ANSI。若要以 Unicode 编码格式创建文本文件，可将编码参数设置为“utf-32”；若要以 UTF-8 编码格式创建文件，可将编码参数设置为“utf-8”。

如果打开文件正常，open()函数返回一个文件对象，通过该文件对象可以对文件进行各种操作。如果指定文件不存在、访问权限不够、磁盘空间不足或其他原因导致

创建文件对象失败则显示异常。

假如文件 mytest. txt 文件不存在，则执行

```
>>>fp=open('mytest.txt','r')
```

显示

```
IOError:[Error 2]No such file or directory:'mytest.txt'
```

但对不存在的文件是可以以“写”模式创建文件对象：

```
>>>fp=open('mytest.txt','w')
>>>fp.write("hello world")
```

当对文件内容操作完以后，一定要关闭文件，以保证所做的任何修改都得到保存。

```
>>>fp.close()
```

当然也可以通过函数来查看文件内容：

```
>>>fp=open('mytest.txt','r')
>>>fp.read()
"hello world"
>>>fp.close()
>>>fp=open('mytest.txt','r')
>>>fp.read(5)
"hello"
```

(2)文件对象属性

文件对象的常用属性如表 7-2 所示。其引用方法：

文件对象名.属性名

表 7-2　文件对象属性

属性	功能
closed	判断文件是否被关闭，若文件被关闭返回 True，否则返回 False
mode	返回文件打开方式
name	返回文件名称

(3)文件对象方法

文件对象的常用方法如表 7-3 所示。其引用方法：

文件对象名 . 方法名

表 7-3　文件对象方法

方法	功能
close()	把缓冲区内容写入文件，同时关闭文件，并释放文件对象

续表

方法	功能
flush()	把缓冲区内容写入文件，但不关闭文件
read([size])	从文件中读取 size 个字节的内容作为结果返回，如果省略 size ，则表示一次性读取所有内容
readline()	从文本文件中读取一行内容作为结果返回
readlines()	把文本文件中的每行文本作为一个字符串存入列表中，返回该列表
seek(offset[,whence])	把文件指针移到新的位置，offset 表示相对于 whence 的位置。whence 为 0 表示从文件头开始计算，为 1 表示从当前位置开始计算，为 2 表示从文件尾开始计算，默认值为 0
tell()	返回文件指针的当前位置
write(string)	将字符串 string 写入文件
writelines(seq)	将字符串序列 seq 写入文件，seq 是一个返回字符串的可迭代对象
next()	返回文件的下一行，并将文件操作标记移到下一行

2. 关闭文件

当一个文件使用结束时，就应该关闭它，以释放文件对象并防止文件中的数据丢失。在 Python 中，可以通过调用文件对象的 close()方法来关闭文件，其调用格式：

```
文件对象名.close()
```

文件关闭之后，便不能访问文件对象的属性和方法了。如果想继续使用文件，则必须用 open()函数再次打开文件。

7.2.2 文件的读/写

1. 文本文件的读/写

文本文件是基于字符编码的文件，常见的编码方式有 ASCII、Unicode 和 UTF－8 等。文本文件基本上采用定长编码，每个字符的编码是固定的，也有采用非定长编码的。在 Python 语言中，使用内置函数 open()以文本模式打开一个文件后，通过调用文件对象的相关方法很容易实现文本文件的读写操作。

(1)文本文件的读取

以只读模式或者读写模式打开一个文本文件后，可以通过调用文件对象的 read()、readline()和 readlines()三种方法从文本文件中读取文本内容。

1)read()

格式：

```
变量＝文件对象.read([size])
```

功能：

从文本流当前位置读取指定数量的字符并以字符串形式返回。

说明：

size 是一个可选的非负整数，用于指定从文本流当前位置开始读取的字符数量。如果该参数为负或者省略，系统则从文件当前位置开始读取，直至文件结束；如果 size 值大于从当前位置到文件末尾的字符数，系统则仅读取并返回这些字符。

【例 7.1】使用 read()方法读取文本文件并提取中英文内容。

【文本文件】在记事本程序中输入以下文本内容：

我喜欢 Python 程序设计

以 Unicode 编码保存文件，文件名为 ex7_01.txt。

代码如下：

```
import re
file=open("ex7_01.txt","r",-1,"utf-16")
s=file.read()
print("文本内容:",s)
pattern=re.compile("[A-Za-z]")
en="".join(pattern.findall(s))
print("英文内容:",en)
pattern=re.compile("[\u4e00-\u9fa5]")
cn="".join(pattern.findall(s))
print("中文内容:",cn)
print("-"*30)
file.close()
file=open("ex7_01.txt","r",-1,"utf-16")
s=file.read(9)
print("请输出前 9 个字符:",s)
s=file.read()
print("请输出剩余字符:",s)
file.close()
```

输出结果：

```
文本内容:我喜欢 Python 程序设计
英文内容:Python
中文内容:我喜欢程序设计
------------------------------
请输出前 9 个字符:我喜欢 Python
请输出剩余字符:程序设计
```

2)readline()

格式：

```
文件对象.readline([size])
```

功能：

从文本流当前行的当前位置开始读取指定数量的字符并以字符串形式返回。

说明：

size 是一个可选的非负整数，用于指定从文本流当前行的当前位置开始读取的字符数。如果该参数省略，系统则会读取从当前行的当前位置到当前行末尾的全部内容，包括换行符“\n”；如果 size 值大于从当前位置到行末尾的字符数，系统则仅会读取并返回这些字符，包括换行符“\n”。如果当前处于文件末尾，系统则返回一个空字符串。

文件刚打开时，当前读取位置在第一行。每读完一行，当前读取位置自动移至下一行，直至到达文件末尾。

【例 7.2】使用 readline()方法分行、分批读取 Unicode 编码的文本文件并过滤掉换行符。

分析：要过滤掉换行符，可以通过字符串切片来实现，即对包含换行符的字符串加上“[：－1]”。

【文本文件】在记事本程序中输入以下文本内容：

```
Python 是一种程序设计语言
我喜欢 Python 程序设计
```

以 Unicode 编码保存文件，文件名为 ex7_02.txt。

代码如下：

```
import re
file=open("ex7_02.txt","r",-1,"utf-16")
line=file.readline(6)
print(line)
line=file.readline()
print(line[:-1])
line=file.readline(3)
print(line)
line=file.readline()
print(line)
file.close()
```

程序输出结果：

```
Python
是一种程序设计语言
我喜欢
```

Python 程序设计

3)readlines()

格式：

文件对象.readlines()

功能：

从文本流上读取所有可用的行并返回这些行所构成的列表。

说明：

readlines()方法返回一个列表，列表中的元素即每一行的字符串，也包括换行符“\n”。如果当前处于文件末尾，系统则返回一个空列表。

【例 7.3】使用 readlines()方法一次性读取 Unicode 编码的文本文件，并过滤掉换行符，且针对不同行做不同处理。

分析：使用 for 循环遍历 readlines()方法返回的列表，如果当前行包含换行符则移除之；如果当前行不包含逗号和句号，则按指定宽度输出并设置居中对齐；如果当前行包含逗号，则输出后不换行；其余情况则直接输出。

【文本文件】在记事本程序中输入以下文本内容：

春夜喜雨
唐·杜甫
好雨知时节，当春乃发生。
随风潜入夜，润物细无声。
野径云俱黑，江船火独明。
晓看红湿处，花重锦官城。

以 Unicode 编码保存文件，文件名为 ex7_03.txt。

代码如下：

```
import re
file=open("ex7_03.txt","r",-1,"utf-16")
lines=file.readlines()
for line in lines:
if line.find("\n")! =-1:
line=line[:-1]
if line.find("，")=-1 and line.find("。")=-1:
print("{0:^25}".format(line))
elif line.find("，")! =-1:
print(line,sep=" ",end=" ")
        else:
print(line)
file.close()
```

程序输出结果：

```
春夜喜雨
唐·杜甫
好雨知时节，当春乃发生。
随风潜入夜，润物细无声。
野径云俱黑，江船火独明。
晓看红湿处，花重锦官城。
```

(2)文本文件的写入

以只读模式或者读/写模式打开一个文本文件后，可以通过调用文件对象的 write()方法和 writelines()方法向该文件中写入文本内容。

1)write()方法

格式：

```
文件对象.write(字符串)
```

功能：

用于向文本流的当前位置写入字符串并返回写入的字符个数。

说明：

文件对象参数是通过调用 open()函数以"w"、"w+"、"a"、"a+"等模式打开文件时返回的文件对象，字符串参数可以指定要写入文本流的文本内容。

当以读/写模式打开文本时，因为完成写入操作后文件指针(当前读/写位置)处在文件末尾，所以此时无法读取到文本内容，除非使用 seek()方法将文件指针移动到文件开头。

【例 7.4】使用 write()方法写入文本内容。

代码如下：

```
file=open("ex7_04.txt","w+",encoding="utf-16")
print("请输入文本内容(QUIT=退出)")
print("-"*32)
While line.upper()! ="QUIT":
    file.write(line+"\n")
    Line=input("请输入：")
file.seek(0)
print("-"*32)
print("输入的文本内容为：")
print(file.read())
file.close()
```

程序输出结果：

```
请输入文本内容(QUIT=退出)
```

```
------------------------------------
请输入:赋得古原草送别  白居易
请输入:离离原上草,一岁一枯荣。
请输入:野火烧不尽,春风吹又生。

请输入:quit
------------------------------------
```

用记事本打开 ex7_04.txt 文件,查看其文本内容。

2)writelines()方法

格式:

```
文件对象.writelines(字符串列表)
```

功能:

用于在文本流的当前位置依次写入指定列表中的所有字符串。

说明:

文件对象参数是通过调用 open()函数以"w"、"w+"、"a"、"a+"等模式打开文件时返回的文件对象，字符串列表参数用以指定要写入文本流的文本内容。

当以读/写模式打开文本时，因为完成写入操作后文件指针(当前读/写位置)处在文件末尾，所以此时无法读取到文本内容，除非使用 seek()方法将文件指针移动到文件开头。

【例 7.5】使用 writelines()方法写入文本内容。通过追加可读/写模式打开文本文件 ex7_04.txt，并从键盘输入文本内容将其添加到该文件末尾，然后输出该文件中的所有文本内容。

代码如下:

```
file=open("ex7_04.txt","a+",encoding="utf-16")
print("请输入文本内容(QUIT=退出)")
print("-" * 32)
lines=[]
line=input("请输入:")
While line.upper()! ="QUIT":
    lines.append(line+"\n")
    line=input("请输入:")
file.writelines(lines)
file.seek(0)
print("-" * 32)
print("文件{0}中的文本内容为:".format(file.name))
print(file.read())
file.close()
```

程序输出结果：

```
请输入文本内容(QUIT=退出)
--------------------------------------------
请输入:远芳侵古道,晴翠接荒城。
请输入:又送王孙去,萋萋满别情。
请输入:quit
--------------------------------------------
```

打开 ex7_04.txt 文件，查看其文本内容。

```
赋得古原草送别　白居易
离离原上草,一岁一枯荣。
野火烧不尽,春风吹又生。
远芳侵古道,晴翠接荒城。
又送王孙去,萋萋满别情。
```

2. 二进制文件的读/写

在 Python 语言中，使用内置函数 open()打开文件时，可以通过打开模式参数设置是以文本模式还是二进制模式打开指定的文件。如果在打开模式参数中包含字母“b”，例如“rb”、“rb+”、“wb”、“wb+”、“ab”、“ab+”等，则表示是以二进制模式打开指定的文件。

以二进制模式打开文件时，文件的数据流可以看成二进制字节流。在这种情况下，首先需要了解二进制字节流的组成规则，即在文件的第几个字节到第几个字节存储的是什么类型数据，该数据代表的具体含义是什么，在这个基础上可以使用文件对象的相关方法对文件进行定位和读/写操作。

(1)二进制文件的定位

在 Python 中，可以使用文件对象的 tell()方法来获取文件指针的位置，也可以使用文件对象的 seek()方法来改变文件指针的位置。

1)tell()方法

格式：

```
文件对象.tell()
```

功能：

获取文件的当前指针位置，即相对于文件开头的字节数。

例如：

```
>>>file=open("ex7_04.txt","r")
>>>file.tell()
0
>>>file.read(10)
>>>file.tell()
10
```

2)seek()方法

格式：

```
文件对象.seek(offset,whence)
```

功能：

把文件指针移动到相对于 whence 的 offset 位置。

说明：

文件对象参数是先前使用 open()函数打开文件时返回的文件对象。offset 表示要移动的字节数，移动时以 offset 为基准，offset 为正数表示向文件末尾方向移动，为负数表示向文件开头方向移动；whence 指定移动的基准位置，如果为 0 表示以文件开始处作为基准点，如果为 1 表示以当前位置为基准点，如果为 2 表示以文件尾作为基准点。

例如：

```
>>>file=open("ex7_04.txt","rb")
>>>file.read()
>>>file.read()
>>>file.seek(0,0)
>>>file.read()
>>>file.seek(6,0)
>>>file.read()
>>>file.seek(-11,2)
>>>file.read()
```

【例 7.6】求取文件指针位置及文件长度。

代码如下：

```
filename=input(" ")
fp=open(filename,"r")
curpos=fp.tell()
print("the begin of %s is %d"%(filename,curpos))
fp.seek(0,2)
length=fp.tell()
print("the begin of %s is %d"%(filename,length))
```

(2)二进制文件的写入

二进制文件不能使用记事本或其他文本编辑器正常读写，也无法通过文件对象直接读取和读懂文件内容。Python 中二进制文件的写入有两种方法：1)通过 struct 模块中的 pack()方法把数字和 bool 值转换成字符串，然后用 write()方法写入二进制文件；2)通过 pickle 模块中的 dump()方法直接把对象转换成字符串并存入文件中。

1)pack()方法。

格式:

```
pack(格式串,数据对象表)
```

功能:

将数字转换为二进制的字符串。

说明:

格式串由格式符和数字组成,用于指定数据对象表的数据类型和长度等信息。

格式串中的格式字符见表 7-4。

表 7-4　格式字符

格式符	数据类型	字节数	格式符	数据类型	字节数
C	单个字符	1	L	整型	4
b	整型	1	q	整型	8
B	整型	1	Q	整型	8
?	布尔型	1	f	浮点型	4
h	整型	2	d	浮点型	8
H	整型	2	s	字符串	
i	整型	4	p	字符串	
I	整型	4	P	整型	

在每个格式符前可以有一个数字,用于表示该类型数据项的个数。格式符 s 前面的数字表示字符串的长度。

【例 7.7】将一个整数、一个浮点数和一个布尔型对象存入一个二进制文件中。

分析:整数、浮点数和布尔型对象不能直接写入二进制文件,需要使用 pack()方法将它们转换成字符串再写入二进制文件中。

代码如下:

```
import struct
i=12345
f=2019.816
b=False
string=struct.pack('if?',i,f,b)

fp=open("d:\\ex7_07.txt","wb")
fp.write(string)
fp.close()
```

2)dump()方法

格式：

```
dump(数据,文件对象)
```

功能：

将数字对象转换成字符串，保存到文件中。

【例 7.8】将一个整数、一个浮点数和一个布尔型对象存入一个二进制文件中。

分析：整数、浮点数和布尔型对象不能直接写入二进制文件，使用 dump()方法将它们转换成字符串再写入二进制文件中。

代码如下：

```
import pickle
i=12345
f=2019.816
b=False

fp=open("d:\\ex7_08.txt","wb")
pickle.dump(i,fp)
pickle.dump(f,fp)
pickle.dump(b,fp)
fp.close()
```

(3)二进制文件的读取

读取二进制文件的内容应根据写入时的方法采取相应的方法进行。使用 pack()方法写入文件的内容应该使用 read()方法读出相应的字符串，然后通过 unpack()方法还原数据。使用 dump()方法写入文件的内容应使用 pickle 模块的 load()方法还原数据。

1)unpack()方法

格式：

```
unpack(格式串,字符串表)
```

功能：

将字符串表转换成格式串指定的数据类型，返回一个元组。其功能与 pack()方法正好相反。

【例 7.9】读取例 7.7 写入的 ex7_07.txt 文件内容。

分析：ex7_07.txt 中存放的是字符串，需要使用 read()方法读出每个数据的字符串形式，然后进行还原。

代码如下：

```
import struct
fp=open("d:\\ex7_07.txt","rb")
string=fp.read()
```

```
a_tuple=struct.unpack('if? ',string)
print("a_tuple=",a_tuple)
i=a_tuple[0]
f=a_tuple[1]
b=a_tuple[2]
print("i=%d",i)
print("f=%f",f)
print("b=",b)
fp.close()
```

程序输出结果：

```
a_tuple=(12345,2019.816,False)
i=12345
f=2019.816
b=False
```

2)load()方法

格式：

```
load(文件对象)
```

功能：

从二进制文件中读取字符串，并将字符串转换为 Python 的数据对象，该方法返回还原后的字符串。

【例 7.10】读取例 7.8 写入的 ex7_08.txt 文件内容。

分析：ex7 _ 08.tx 文件中写入了一个整型、一个浮点型、一个布尔型数据，每次读取需要判断是否读到文件末尾。

代码如下：

```
import pickle
fp=open("d:\\ex7_08.txt","rb")
while True:
    n=pickle.load(fp)
    if(fp):
        print(n)
    else:
        break
fp.close()
```

程序输出结果：

```
12345
2019.816
False
```

7.3 与文件相关的模块

Python 模块(Module)是一个 Python 文件，包含 Python 对象定义和 Python 语句模块可以定义的函数、类和变量，模块里也可以包含可执行的代码。Python 中对文件、目录的操作需要用到 os 模块、shutil 模块和 os. path 模块。

7.3.1 os 模块

Python 内置的 os 模块提供了访问操作系统服务功能，如文件重命名、文件删除、创建目录、删除目录等，还提供了大量文件级操作的方法，如表 7-5 所示。使用 os 模块，需要先导入该模块，然后调用相应方法。

表 7-5 os 模块关于目录/文件操作的常用函数

方法	功能
open(path，flags，mode=o0777，*，dir_fd=None)	按照 mode 指定的权限打开文件，默认权限为可读、可写、可执行
chmod(path，mode，*，dir_fd=None，follow_symlinks=True)	改变文件的访问权限
remove(path)	删除指定的文件
rename(src，dst)	重命名文件或目录
stat(file)	返回文件的所有属性
fstat(path)	返回打开文件的所有属性
listdir(path)	返回 path 目录下的文件和目录列表
startfile(filepath[,operation])	使用关联的应用程序打开指定文件

所有方法都可以通过 dir(os)查询：

```
>>>import os
>>>dir(os)
```

下面介绍文件目录管理中常用函数的使用方法。

1. 重命名文件

使用 os. rename()函数可以对指定的文件进行重命名。

格式：

```
os.rename(源文件,目标文件)
```

功能：

对指定的文件进行重命名。

说明：

其中源文件名和目标文件名可以使用绝对路径，也可以使用相对路径，但它们必须位于相同的目录中。

例如：

```
>>>import os
>>>os.rename("aaa.txt","bbb.txt")
```

2. 复制文件

使用 shutil 模块中 copy()和 copyfile()两个函数实现复制文件。

(1)shutil.copyfile()

格式：

```
shutil.copyfile(源文件,目标文件)
```

功能：

将源文件内容复制到目标文件并返回目标文件的路径。

说明：

其中源文件和目标文件是以字符串形式给出的路径名。如果源文件与目标文件是相同的文件，则会引发 SameFileError 错误。

例如：

```
>>>import shutil
>>>shutil.copyfile("c:/demo.bin","c:/test/demo.bin")
```

(2)shutil.copy()

格式：

```
shutil.copy(源文件,目标文件)
```

功能：

将源文件复制到目标文件或目录中并返回新创建的文件的路径。

说明：

其中源文件和目标文件是字符串。如果目标文件指定了一个目录，则源文件将被复制到目标目录中并返回新创建的文件的路径。

例如：

```
>>>import shutil
>>>shutil.copy("c:/data.bin","e:/test")
```

3. 移动文件

使用 shutil.move()函数可以移动文件。

格式：

```
shutil.move(源文件,目标文件)
```

功能：

移动文件操作并返回目标文件的路径。

说明：

其中源文件和目标文件是字符串。如果目标文件指定了一个目录，则源文件移动到该目录中。

例如：

```
>>>import shutil
>>>shutil.move("c:/data.bin","e:/test/data.dat")
```

4. 删除文件

使用 os.remove()函数可以删除指定的文件。

格式：

```
os.remove(文件路径)
```

功能：

对指定的文件进行删除。

说明：

文件路径参数是一个字符串，用于指定要删除文件的路径。如果指定的文件不存在，则会显示 FileNotFoundError 错误。如果将文件路径设置为一个目录，则会显示 OSError 错误。

例如：

```
>>>import os
>>>os.remove("e:\\aaa.txt")
```

5. 创建目录

使用 mkdir()函数和 makedirs()函数可以创建单个目录和多级目录。

(1)mkdir()

格式：

```
os.mkdir(路径)
```

功能：

创建单个目录。

说明：

其中路径参数指定要创建目录的路径。如果指定的目录已存在，则会引发 FileExistsError 错误。如果指定路径中包含不存在的目录，则会引发 FileNotFoundError 错误。

例如：

```
>>>import os
```

```
>>>os.mkdir("c:/demo")
```

(2) makedirs()

格式：

```
os.makedirs(路径)
```

功能：

创建多级目录。

例如：

```
>>>import os
>>>os.makedirs("e:/python/examples")
```

6. 显示目录中的内容

使用 listdir()函数可以返回指定目录中包含的文件和目录组成的列表。

格式：

```
os.listdir(路径)
```

功能：

对指定的文件进行删除。

说明：

其中路径参数是一个字符串，用于指定要查看目录的路径。例如：

```
>>>import os
>>>os.listdir("e:/demo")
```

7. 删除目录

使用 rmdir()函数和 rmtree()函数可以删除目录。

(1)rmdir()

格式：

```
os.rmdir(路径)
```

功能：

删除一个空目录。

说明：

其中路径参数是一个字符串，用于指定要删除目录的路径。该目录必须是一个空目录，即其中不包含任何文件或目录。如果指定的目录非空，则会引发 OSError 错误。如果指定的目录不存在，则会引发 FileNotFoundError 错误。

例如：

```
>>>import os
>>>os.rmdir("c:/test")
```

(2)rmtree()

格式：

```
shutil.rmtree(路径)
```

功能：

删除一个目录及其包含的所有内容。

说明：

其中路径参数是一个字符串，用于指定要删除目录的路径。

例如：

```
>>>import os
>>>shutil.rmtree("c:/python")
```

7.3.2 os. path 模块

os.path 模块主要用于获取文件的属性。表 7-6 所示为 os.path 模块中常用函数及其功能。

表 7-6 os.path 模块中常用函数及其功能

方法	功能	方法	功能
abspath(path)	返回绝对路径	isabs(path)	判断 path 是否存在且为绝对路径
dirname(path)	返回目录路径	isfile(path)	判断 path 是否存在且为文件
exists(path)	判断文件是否存在	isdir(path)	判断 path 是否存在且为目录
getatime(filename)	返回文件最后访问时间	islink(path)	判断 path 是否为绝对路径
getctime(filename)	返回文件创建时间	split(path)	对路径进行分割，以列表形式返回
getmtime(filename)	返回文件最后修改时间	Splitext(path)	对路径进行分割，返回扩展名
getsize(filename)	返回文件大小	splitdrive(path)	对路径进行分割，返回驱动器名
walk(top,func,arg)	遍历目录	join(path1[,path2[,...]])	连接两个或多个 path

下面介绍 os.path 模块中常用函数的使用方法。

(1)split(path)

功能：

分离文件名与路径，返回(f_path,f_name)元组。如果 path 中是一个目录和文件名，则输出路径和文件名全部是路径；如果 path 是一个目录名，则输出路径和空文件名。

例如：

```
>>> os.path.split("c:\\program\\soft\\python\\")
输出:'c:\\program\\soft\\python',''
```

```
>>> os.path.split("c:\\program\\soft\\python")
输出:'c:\\program\\soft\','python'
```

(2)splittext(path)

功能:

分离文件名与扩展名。

例如:

```
>>> os.path.splittext("c:\\program\\soft\\python\\prime.py")
输出:'c:\\program\\soft\\python\\prime','.py'
```

(3)abspath(path)

功能:

获得文件名的绝对路径。

例如:

```
>>> os.path.abspath("prime.py")
输出:'c:\\User\\Appdata\\Local\\Programs\\Python\\Python35\\prime.py'
```

(4)getsize(filename)

功能:

获得指定文件的大小，返回值以字节为单位。

例如:

```
>>> os.path.getsize("e:\\string1.txt")
```

(5)getatime(filename)

功能:

获得指定文件最近的访问时间，返回值是浮点型秒数，可以使用 time 模块的 gmtime()或 localtime()函数换算。

例如:

```
>>> os.path.getatime("e:\\string1.txt")
>>>import time
>>>time.localtime(os.path.getatime("e:\\string1.txt"))
```

(6)exists(path)

功能:

判断文件或者目录是否存在，返回值为 True 或 False。

例如:

```
>>> os.path.exists("e:\\string1.txt")
True
```

7.4 文件应用举例

【例 7.11】在磁盘文件 string1. txt 和 string2. txt 中各存放了两个字符串，读取这两个字符串信息并将其合并，写入到 string. txt 文件中。

代码如下：

```
import pickle
fp=open("e:\\string1.txt","rt")
print("string1 文件的内容:")
string1=fp.read()
print(string1)
fp.close()
fp=open("e:\\string2.txt","rt")
print("string2 文件的内容:")
string2=fp.read()
print(string2)
fp.close()

string=string1+string2
print("string 文件的内容:\n",string)

fp=open("e:\\string.txt","wt")
fp.write(string)
print("已完成 string 文件内容的写入!")
fp.close()
```

【例 7.12】统计指定文件夹的大小以及所包含文件和子文件夹的数量。

代码如下：

```
import os
totalsize=0
filenum=0
dirnum=0

def traversalDir(path):
global totalsize
global filenum
global dirnum
for lists in os.listdir(path):
    sub_path=os.path.join(path,lists)
    if os.path.isfile(sub_path):
```

```
                filenum=filenum+1
                totalsize=totalsize+os.path.getsize(sub_path)
            elif os.path.isdir(sub_path):
                dirnum=dirnum+1
                traversalDir(sub_path)

def main(path):
        if not os.path.isdir(path):
            print('Error:" ',path,' "is not a directory or does not exist')
            return
        traversalDir(path)

def sizeConvert(size):
      K,M,G=1024,1024**2,1024**3
        if size>=G:
          return str(size/G)+'G Bytes'
        elif size>=M:
          return str(size/M)+'M Bytes'
        elif size>=K:
          return str(size/K)+'K Bytes'
        else:
          return str(size)+'Bytes'
def output(path):
print("The total size f'+path+'is:"+sizeConvert(totalsize)+'+str(totalsize)'+'Bytes')
print("The total number of files in'+path+'is:",filenum)
print("The total number of directory in'+path+'is:",dirnum)
If_name_=='_main_':
   path='c:\Python 3.7'
   main(path)
   output(path)
```

7.5 异常处理

异常是程序运行过程中发生的事件，该事件可以中断程序指令的正常执行流程，是一种常见的运行错误。例如，除数为 0、下标越界、文件不存在、类型错误等。

Python 提供了一种异常处理机制，使得程序在运行阶段发生错误时，程序员有机会处理并恢复。

7.5.1 Python 异常类

在 Python 中，异常是以对象的形式实现的。BaseException 类是所有异常类的基类，而其子类 Exception 则是除 SystemExit、KeyboardInterrupt 和 GeneratorExit 这 3 个系统级异常之外所有内置异常类和用户自定义异常类的基类。

Python 中常见的标准异常如表 7-7 所示。

表 7-7　Python 标准异常

异常名称	功能
BaseException	所有异常类的基类
SystemExit	解释器请求退出
KeyboardInterrupt	用户中断执行(通常是输入 Ctrl+C)
Exception	常规错误的基类
StopIteration	迭代器没有更多的值
GeneratorExit	生成器(generator)发生异常，通知退出
StandardError	所有的内建标准异常的基类
ArithmeticError	所有数值计算错误的基类
FloatingPointError	浮点计算错误
OverflowError	数值运算超出最大限制
ZeroDivisionError	在除法或取模运算中以 0 作为除数
AssertionError	断言语句失败
AttributeError	对象没有这个属性
EOFError	发现了一个不期望的文件尾，到达 EOF 标记
EnvironmentError	操作系统错误的基类
IOError	输入/输出操作失败
OSEError	操作系统错误
WindowsError	系统调用失败
ImportError	导入模块/对象失败
LookupError	无效数据查询的基类
IndexError	序列中没有此索引(index)
KeyError	映射中没有这个键
MemoryError	内存溢出错误
NameError	未声明/初始化对象
UnboundLocalError	访问未初始化的本地变量
ReferenceError	弱引用(Weak Reference)试图访问已经当垃圾一样回收了的对象
RuntimeError	一般的运行时错误
NotImplementedError	尚未实现的方法
SyntaxError	Python 语法错误
IndentationError	缩进错误

续表

异常名称	功能
TabError	Tab键和空格键混用
SystemError	一般的解释器系统错误
TypeError	对类型无效的操作
ValueError	传入无效的参数
UnicodeError	Unicode相关的错误
UnicodeDecodeError	Unicode解码时的错误
UnicodeEncodeError	Unicode编码时错误
UnicodeTranslateError	Unicode转换时错误

7.5.2 Python异常处理

在Python中，异常处理可通过try-except语句来实现。try-except语句由try子句和except子句组成，可以用来检测try语句块中的错误，从而让except语句捕获异常信息并加以处理。

1. try-except语句

try-except语句可以分为单分支异常处理和多分支异常处理。

1)单分支异常处理

格式：

```
try:
  语句块
except:
  语句块
```

说明：

①语句块包含可能会引发异常的语句，异常处理语句块用于对异常进行处理。语句块和异常处理语句块都可以是单个语句或多个语句。使用单个语句时，可以与try或except位于同一行；使用多个语句时，这些语句必须具有相同的缩进量。

②单分支异常处理语句未指定异常类型，对所有异常不加区分进行统一处理。其执行流程：执行try中的语句块，如执行正常，在语句块执行结束后转向try-except语句之后的下一条语句；如引发异常，则转向异常处理语句块，执行结束后转向try-except语句之后的下一条语句。

【例7.13】整数除法中的单分支异常处理。

分析：程序的功能是做整数除法运算，即从键盘输入两个整数进行除法运算。在输入过程中可能会出现各种错误，如除数为0、输入了非数字字符等。在编程过程中，将进行除法运算的代码放到try子句中，而将异常处理的代码放在except子句中。

代码如下：

```
x,y=eval(input("请输入两个数字："))
try:
    z=x/y
    print("x={0},y={1}".format(x,y))
    print("z=x/y={0}".format(z))
except:
    print("程序发生异常!")
```

程序输出结果：

```
请输入两个数字:25 5
x=25,y=5
```

再次运行程序：

```
请输入两个数字:25 0
程序发生异常!
```

再次运行程序：

```
请输入两个数字:25 a
程序发生异常!
```

2)多分支异常处理

格式：

```
try:
  语句块
except 异常类 1 [as 错误描述]:
  异常处理语句块 1
except 异常类 2 [as 错误描述]:
  异常处理语句块 2
...
except 异常类 n [as 错误描述]:
  异常处理语句块 n
except:
默认异常处理语句块
else:
  语句块
```

说明：

①try 后面的语句块包含可能引发异常的语句；各个异常类用以指定待捕获异常类型；“as 错误描述”为可选项。语句块、异常处理语句块以及默认处理语句块都可以包含单个或多个语句。使用单个语句时，可以与 try 或 except 位于同一行；使用多个语

句时，这些语句必须具有相同的缩进量。

②多分支异常处理语句可针对不同的异常类型进行不同的处理。其执行流程：执行try中的语句块，如果未发生异常，则执行该语句块后执行else后面的语句块，然后执行try-except语句的后续语句；如果引发异常，则依次检查各个except语句，试图找到所匹配的异常类型：如果找到了，则执行相应的异常处理语句块；如果未找到，则执行最后一个except语句中的默认异常处理语句块；异常处理完成后执行try-except语句的后续语句。

【例7.14】整数除法中的多分支异常处理。

分析：程序的功能是做整数除法运算，即从键盘输入两个整数进行除法运算。在输入过程中可能会出现各种错误，如除数为0、输入了非数字字符等。在编程过程中，将进行除法运算的代码放到try子句中，而将异常处理的代码放在不同的except子句中，这样可以根据错误类型的不同分别进行不同的处理。

代码如下：

```
x,y=eval(input("请输入两个数字:"))
try:
  z=x/y
  print("x={0},y={1}".format(x,y))
  print("z=x/y={0}".format(z))
except TypeError as te:
  print("数据类型错误! {0}.format(te)")
except ZeroDivisionError as zde:
  print("0不能作为除数!")
except:
    print("程序发生异常!")
else:
    print("程序运行结束!")
```

程序输出结果：

```
请输入两个数字:98 16
x=98,y=16
z=x/y=6.125
程序运行结束!
```

再次运行程序：

```
请输入两个数字:25 0
0不能作为除数! division by zero
```

再次运行程序：

```
请输入两个数字:25 a
数据类型错误! Unsupported operand type(s) for/:'int' and 'str'
```

2. try-finally 语句

try-finally 语句用于指定无论是否发生异常都会执行的代码。

格式：

```
try:
  语句块
except:
  异常处理语句块
else:
  语句块
finally:
  语句块
```

说明：

执行 try 中的语句块，如果执行正常，在 try 语句块执行结束后执行 finally 语句块，然后再转向 try-except 语句之后的下一条语句；如果引发异常，则转向 except 异常处理语句块，该语句块执行结束后执行 finally 语句块。也就是无论是否检测到异常，都会执行 finally 子句，因此一般会把一些清理工作例如关闭文件或者释放资源等写到 finally 语句块中。

【例 7.15】整数除法中的异常处理。

分析：程序的功能是做整数除法运算，即从键盘输入两个整数进行除法运算。增加了一个 finally 子句。

代码如下：

```
x,y=eval(input("请输入两个数字:"))
try:
  z=x/y
  print("x={0},y={1}".format(x,y))
  print("z=x/y={0}".format(z))
except ZeroDivisionError as zde:
  print("0 不能作为除数!"{0}.format(zde))
else:
  print("程序运行结束!")
finally:
  print("执行 finally 子句!")
```

程序输出结果：

```
请输入两个数字:96 16
x=96,y=16
```

```
z=x/y=6.0
程序运行结束!
执行 finally 子句!
```

再次运行程序：

```
请输入两个数字:25 0
0 不能作为除数! division by zero
执行 finally 子句!
```

再次运行程序：

```
请输入两个数字:25 a
执行 finally 子句!
TypeError:Unsupported operand type(s) for/:'int' and 'str'
```

【例 7.16】文件读取异常处理。

代码如下：

```
try:
    fp=open("test.txt","r")
    ss=fp.read()
    print("Read the contents:",ss)
except IOError:
    print("IOError!")
finally:
    print("close file!")
    fp.close()
```

如果在当前目录下不存在“test.txt”文件，则程序运行时显示：

```
IOError!
close file!
```

由于文件不存在，因此执行 try 语句时产生异常，执行 except 中的异常处理语句块，最后再执行 finally 语句块。

本章小结

本章详细介绍了文件与目录的概念、Python 中文件的操作方法、os 模块和 os.path 模块中关于目录和文件常用的函数、异常处理机制，通过编程举例和文件应用中的实例让读者更加清楚 Python 中文件操作的应用。

习　题

1. 编写程序，统计 words.txt 文件中英文单词的个数、数字个数。

2. 编写程序，比较两个文件的内容是否相同。

3. 将字符串“Python Prpgram”写入文件，查看文件的字节数。

4. 编写程序，递归地显示当前目录下所有的目录及文件。

5. Python 不会删除打开的文件，如果尝试删除的话，将会引发异常。请编写程序，创建一个文件并使用异常处理程序来应对这种异常。

第8章　Python 面向对象程序设计

本章概述

面向对象程序设计是一种计算机编程架构，主要针对大型软件设计而提出。Python 采用面向对象程序设计(Object Oriented Programming，OOP)思想，是真正面向对象的高级动态编程语言，支持面向对象的基本功能。本章主要讲述面向对象程序设计的基本概念和 Python 面向对象程序设计的基本方法，包括类、对象、继承、多态以及对基类对象的覆盖或重写。

学习目标

1. 掌握面向对象程序的基本概念。
2. 掌握 Python 编程中类的定义与使用方法。
3. 掌握 Python 对象的创建和使用。
4. 掌握 Python 类的继承和多态。
5. 能够使用 Python 在实际案例中采用面向对象的方法进行编程。

8.1　面向对象程序设计概述

在生活中要精确描述一个事物，就要说明它的属性，同时还要说明它所能进行的操作。例如，如果将汽车看成一个事物，它的属性包含品牌、型号、轮胎参数、颜色、载重量、质量等，它能完成的动作包括行驶、鸣笛、闪灯等。将汽车的属性和能够完成的动作结合在一起，就可以完整的描述汽车的所有特征了。

面向对象的程序设计思想正是基于这种设计理念，将事物的属性和方法都包含在类中，而对象则是类的一个实例。如果将汽车定义为类的话，那么某台具体的汽车就是一个对象。不同的对象拥有不同的属性值。

8.1.1　面向对象的基本概念

1. 对象

将一组数据和这组数据有关的操作组装在一起，生成一个实体，这个实体就是对象。

2. 类

具有相同或者相似性质的对象的抽象就是类。对象的抽象就是类，类的具体化就是对象。比如，人类就是一个抽象类，具体到某个人就是对象。

3. 封装

将相关的数据和操作捆绑在一起封装成一个类的过程就叫作封装。

4. 继承

继承主要用于描述类之间的关系，一个类可以共享其他一个或者多个类的定义或者方法结构。比如，汽车是一个类，货车和客车也可以分别作为一个类。把汽车作为货车和客车的基类，货车和客车类可以作为子类，它可从汽车基类继承相关的属性和方法，如轮胎参数、载重量、行驶、鸣笛、闪灯等。

5. 多态

子类可以从基类继承相同的属性或者方法，如相同的函数名，在子类中可以有不同的实现，即子类可以有自己的特殊性，这就叫作多态。比如：货车发动机排量大，小客车发动机排量小。

6. 构造函数

构造函数一般与它所属的类名称完全相同，是类中一种特殊的成员函数，用来在创建类时就初始化对象。

7. 析构函数

析构函数与构造函数的功能相反，析构函数是系统自动调用它，并用它来处理对象脱离作用域时的清理工作。

8. 方法

方法是类声明的一部分，是一种成员函数，定义了一个对象可以进行的相关操作有哪些。

例如：

```
class Car()：
sss="car object!"                          #类的成员变量
def _init_(self,name,quality,color)：      #类的构造函数
    self. user_name=name                   #类的公有变量
    self. _user_ quality=quality           #类的私有有变量
    self. _user_ color=color               #类的保护变量
def_ddl_(self)：                           #类的析构函数
    print("car!")
def say_hello(self)：                      #类的公有函数
    print("hello car")
def_user_ quality(self)：                  #类的私有函数
    print("taxi!")
```

```
tt=car()                              # 创建类的对象
tt.say_hello()                        # 对象调用类的方法
```

上面的 car 就是一个类，say _ hello 就是这个类的方法(即成员函数)。成员函数中的 self 就是这个类的对象自身，可以使用它来调用该类的属性以及方法。tt 就是 car 类的对象，tt. say _ hello()就是该对象 tt 调用类 car 中的方法。 _ xxx 是系统定义的名字，例如上面的构造函数 _ init _ 和析构函数 _ ddl。sss 是 car 类的成员公共变量，如果写成 _ sss 就是私有变量，如果写成 _ str 就是保护变量。say _ hello 方法是公有函数，外部可以调用，_user_quality 外部不可以调用，只能在本类中内部调用。

8.1.2 从面向过程到面向对象

在程序设计时存在两种不同的程序设计方式，即面向过程编程和面向对象编程。

面向过程编程就是通过算法分析列出解决问题所需要的操作步骤，将程序划分为若干个功能模块，然后通过函数来实现这些功能模块，在解决问题的过程中根据需要调用相关的函数。

面向对象编程则是将构成问题的事务分解为各个对象，根据对象的属性和操作抽象出类的定义并基于类创建对象，其目的并不是为了完成一个步骤，而是为了描述某个事物在整个解决问题的过程中的行为。面向过程编程是一种以对象为基础，以事件或消息来驱动对象执行处理的程序设计方法。面向过程编程的主要特征具有抽象性、封装性、继承性和多态性。

面向过程编程和面向对象编程的主要区别：

(1)面向过程编程方法是通过函数(或过程)来描述对数据的操作，但又将函数与其操作的数据分离开来；面向对象编程方法是将数据和对数据的操作封装在一起，作为一个对象整体来处理。

(2)面向过程编程方法是以功能为中心来设计功能模块，程序难以维护；面向对象编程方法是以数据为中心来描述系统，数据相对于功能而言具有较强的稳定性，因此程序更容易维护。

(3)面向过程程序的控制流程由程序中预定顺序来决定；面向对象程序的控制流程由运行时各种事件的实际发生来触发，而不再由预定顺序来决定，因此更符合实际需要。

Python 同时支持面向过程编程和面向对象编程。函数就是面向过程编程的基本单元。函数是 Python 支持的一种封装，通过把大段代码拆成函数并一步一步地调用函数，就可以把一个复杂任务分解为一系列简单的任务，这是典型的面向过程编程。

Python 采用面向对象的程序设计思想，是面向对象的高级动态编程语言，完全支持面向过程的基本功能，包括封装、继承、多态以及对基类方法的覆盖和重写。相较于其他编程语言，Python 中对象的概念更加广泛，不仅仅是某个类的实例化，也可以是任何内容。

8.2 类与对象

在 Python 中，类是一种自定义的复合数据类型，也是功能最强大的数据类型。面向对象编程的基本步骤：首先通过定义类来设置数据类型的数据和行为，然后基于该类创建对象，并通过存取对象的属性或调用对象的方法来完成所需要的操作。

8.2.1 类的定义与使用

Python 编程中类的概念可以比作某种类型集合的描述。比如说汽车可以被看作一个类，然后用汽车这个类定义出每台具体的车等作为其对象。类还拥有属性和功能，属性即类本身的一些特性，如汽车有品牌、排量等属性，而具体值则会根据每台车而不同；功能则是类所能实现的行为，如汽车拥有行驶、灯光、鸣笛等功能。

类的定义格式：

```
class 类名：
    类体
```

说明：

(1)class 关键字后紧跟空格，空格之后是类的名称。

(2)类名称后面必须有冒号。

(3)类名称一般首字母大写，其命名规则和变量命名规则一致。

(4)在类体中定义类的所有变量成员和函数成员。变量成员即类的属性，用于描述对象的状态和特征。函数成员即类的方法，用于实现对象的行为和操作。

通过定义类可以实现数据和操作的封装。

类体中也可以只包含一个 pass 语句，用于定义一个空类。

【例 8.1】类的定义。

代码如下：

```
class Car(object)：
    def _init_(self,name)：
        self. name=name
    def xingshi(self)：
        print(' Hello,my name is ',self. name)
```

在用类定义对象时，会先调用 _ init _ 构造函数，以初始化对象的各属性，类的各属性(成员变量)均可以在构造函数中定义。而在对象销毁时，则会调用 _ del _ 析构函数。定义类的成员函数时，必须默认一个变量(类似于 C＋＋中的 this 指针)代表类定义的对象本身，这个变量的名称可自行定义，下面例子将使用 self 变量表示类对象变量。

【例 8.2】类的应用。

代码如下：

```
class Car(object):
    def _init_(self,name):
        self.name=name
    def xingshi(self):
        print('Hello,my name is',self.name)
p=Car('(Land Rover')
p.xingshi()
```

说明：

_init_方法也叫构造方法，它在创建一个对象时被自动调用，用来对对象进行初始化。

8.2.2 对象的创建和使用

类是对象的模板，对象是类的实例。定义类之后，可以通过赋值语句来创建类的实例对象，其语法格式：

对象名=类名(参数 1,参数 2,…)

或

对象名=模块名.类名(参数 1,参数 2,…)

创建对象之后，该对象就拥有类中定义的所有属性和方法，可以通过下列形式进行调用：

对象名.属性名
对象名.方法名(参数)

【例 8.3】利用类和对象计算圆的周长和面积。

代码如下：

```
import math
class Circle:
    radius=0
def getPerimeter(self):
  Return 2 * 3.14 * self.radius
def getArea(self):
  Return 3.14 * self.radius * self.radius

If _name_=='_main_':
    c1=Circle()
c1.radius=10
```

```
print("圆的半径 R=".format(c1.radius))
print("圆的周长 C=".format(c1.getPerimeter()))
print("圆的面积 S=".format(c1.getArea()))
```

8.3 属性与方法

8.3.1 实例和类属性

在类中定义的变量成员就是属性。在 Python 中，属性包括实例属性和类属性两种。实例属性是该类的实例对象所拥有的属性，属于该类的某个特定实例对象；类属性是类对象所拥有的属性，属于该类的所有实例对象。

1. 实例属性

实例属性可以在类的内部或类的外部通过赋值语句来创建。

(1)在类的内部，一般是指在通过定义构造函数 _ init _ ()中定义的，定义和使用时必须以 self 为前缀。

格式：

```
self.属性名=值
```

说明：

①Python 中类的构造函数_init_()用来初始化属性，在创建对象时自动执行。构造函数属于对象，每个对象都有属于自己的构造函数。构造函数所对应的即析构函数。

②Python 中的析构函数是_del_()，用来释放对象所占用的空间资源，在 Python 回收对象空间资源之前自动执行。同样，析构函数属于对象，对象都会有自己的析构函数。

(2)在类的外部，创建实例对象后，通过赋值语句来创建。

格式：

```
对象名.属性名=值
```

说明：

①对象名表示类的一个实例。

②在 Python 中，通过类的实例化创建对象后，可以通过对象的 _ dict _ 属性检查该对象中包含哪些实例属性，也可以通过 _ class _ 属性检查对象所属的类。

【例 8.4】实例属性。

代码如下：

```
class Dog:
    def _init_(self,s):
```

```
    this. name=s
```

【例 8.5】类的应用。

代码如下：

```
class Car(object):
    gongli=0
    def _init_(self,name):
        self. name=name
    def xingshi(self):
        print(' Hello,my name is ',self. name)
    def howfar(self):
        if Car. gongli==0:
            print(self. name,' stay there without moving ')
        else:
            print(' forward. ',Car. gongli)
p=Car('(Land Rover ')
p. xingshi()
def_del_(self):
print('%s says bye.' % self. name)
Car. gongli +=10

a=Car(' lincon ')
a. howfar()
```

说明：

_del_方法是在程序退出时调用的。

2. 类属性

类属性属于类，是在类中所有方法之外定义的数据成员，可以通过类名或对象名访问。类属性按照能否在类外部访问可以分为公有属性和私有属性。定义属性时，如果属性名以双下划线“_ _”开头，则该属性是私有属性，否则为共有属性。

例如：

```
class Peson2:
name="bill"                        # 公有的类属性
__age=18                           # 私有的类属性
p2=Peson2()
print(p2. name)                    # 实例对象
print(Peson. name)                 #类对象
```

说明：

类属性就是定义类的时候直接定义的属性，可以直接通过类名. 属性名访问。实例属性是在_init_()方法中定义的属性。如果在类外修改类属性，必须通过类对象去引用然后进行修改。如果通过实例对象去引用，会产生一个同名的实例属性，这种方式修改的是实例属性，不会影响到类属性，并且如果通过实例对象引用该名称的属性，由于实例属性优先级比类属性高，实例属性会强制屏蔽掉类属性，即引用的是实例属性，除非删除了该实例属性。

8.3.2 对象方法

类中定义的方法大致分为私有方法、共有方法和静态方法三类。私有方法和共有方法属于对象，每个对象都有自己的公有方法和私有方法。这两种方法可以访问属于类和对象的成员。共有方法通过对象名直接调用，私有方法以双下划线“_ _”开头，不能通过对象名直接调用。静态方法可通过类名和对象名调用，但不能直接访问属于对象的成员，只能访问属于类的成员。

【例 8.6】私有方法、共有方法和静态方法的定义与调用。

代码如下：

```
classAnimal(object):
    specie='cat'
    def_init_(self):
        self._name='mao'                    # 定义和设置私有成员
        self._color='white'
    def_outPutName(self):                   # 定义私有函数
        print(self._name)
    def_outPutColor(self):                  # 定义私有函数
        print(self._color)
    def_outPut(self):                       # 定义共有函数
        outPutName()                        # 调用私有方法
        outPutColor()
    @staticmethod                           # 定义静态方法
    def getSpecie()
        return Animal.specie                # 调用类属性
    @staticmethod
    def setSpecie(s)
        Animal.specie=s
# 主程序
cat=Animal()
cat.outPut()                                # 调用共有方法
print(Animal.getSpecie())                   # 调用静态方法
Animal.setSpecie('dog')                     # 调用静态方法
print(Animal.getSpecie())
```

程序输出结果：

```
mao
white
cat
dog
```

8.4 继承和多态

8.4.1 继承

继承是在一个父类的基础上定义一个新的子类。子类通过继承将从父类中得到所有的属性和方法，也可以对得到的方法进行重写和覆盖，同时还可以添加一些新的属性和方法，从而扩展父类的功能。它是面向对象编程的一个特征。新定义的类称为子类或派生类，而被继承的类称为基类或父类。

继承关系按父类的多少分为单一继承和多重继承。单一继承是指子类从单个父类中继承，多重继承则是指子类从多个父类中继承。

1. 单一继承

单一继承可以使用 class 语句来实现。

```
class 子类名(父类名)
  类体
```

说明：

(1)基于父类创建的子类，该子类拥有父类中的所有公有属性和所有成员方法。

(2)除了继承父类的所有成员外，还可以在子类中扩展父类的功能。一是在子类中增加新的成员属性和成员方法；二是对父类已有的成员方法进行重定义，从而覆盖父类的同名方法。即有的属性和方法在类中设有定义，而是从父类那里继承来的可以将它们直接当成对象自己的属性和方法来使用。在子类中可以通过父类的父名或 super()函数来调用父类的方法。

【例 8.7】继承的实现。

代码如下：

```
class Animal(object):                        # 定义基类
    size='small'
    def _init_(self):                        # 基类构造函数
        self.color='white'
        print("superClass:init of animal")
    def outPut(self):                        # 基类公有函数
        print(self.size)
```

```
class Dog(Animal):                          # 子类 Dog,继承于 Animal 类
    def _init_(self):                       # 子类构造函数
        self.name='dog'
        print("subClass:init of dog")
    def run(self):                          # 子类方法
        print(Dog.size,self.color,self.name)
        Animal.outPut(self)                 # 通过父类名调用父类构造函数
class Cat(Animal):                          # 子类 Cat,继承于 Animal 类
    def _init_(self):                       # 子类构造函数
        self.name='cat'
        print("subClass:init of cat")
    def run(self):                          # 子类方法
        print(Cat.size,self.color,self.name)
        super(Cat,self)_init_()             # 调用父类构造函数
        super().outPut()                    #调用父类构造函数
#主程序
a=Animal()
a.outPut()
dog=Dog()
dog.size='mid'
dog.color='black'
dog.run()
cat=Cat()
cat.name="mimi"
cat.run()
```

程序输出结果：

```
superClass:init of animal
small
subClass:init of dog
Small black dog
mid
subClass:init of cat
superClass:init of animal
smallwhite mimi
small
```

2. 多重继承

Python 还允许一个子类从多个父类继承，这种继承关系是多重继承。

多重继承也可以使用 class 语句实现。其语句格式：

```
class 子类名(父类名 1,父类名 2,…)
  类体
```

说明：

(1)子类将从多个父类中继承所有公有成员。

(2)除了继承父类的所有成员外，还可以在子类中扩展父类的功能。即子类可以具有父类没有的属性和方法。

(3)在子类中可以通过父类的父名或 super()函数来调用父类的方法。若父类中有相同的方法名，子类在调用过程中并没有指定父类，则子类从左向右按照一定的访问序列逐一访问父类函数，保证每个父类函数仅被调用一次。

【例 8.8】多重继承的应用。

代码如下：

```
classA(object):                                # 父类 A
    def _init_(self):
        print("start A")
        print("end A")
    def fun1(self):                            # 父类函数
        print("a_fun1")
class B(A):                                    #类 B 继承于父类 A
    def _init_(self):
        print("start B")
        super(B,self)._init_()
        print("end B")
    def fun2(self):
        print("b_fun2")
class C(A):                                    #类 C 继承于父类 A
    def _init_(self):
        print("start C")
        super(C,self)._init_()
        print("end C")
    deffun1(self):                             #重写父类函数
        print("c_fun1")
class D(B,C):                                  #类 D 同时继承于类 B、类 C
    def _init_(self):
        print("start D")
        super(D,self)._init_()
        print("end D")
# 主程序
d=D()
d.fun1()
```

程序输出结果：

```
start D
start B
start C
start A
end A
end C
end B
end D
c_fun1
```

8.4.2 多态

多态是指不同对象对同一消息做出的不同反应。按照实现方式，多态可分为编译时多态和运行时多态。编译时多态是指程序在运行前，可根据函数参数不同确定所需调用的函数。运行时多态是指在函数名和函数参数均一致，在程序运行前并不能确定调用的函数。

Python 的多态与其他语言不同，Python 变量属于弱类型，定义变量可以不指明变量类型，并且 Python 语言是一种解释型语言，不需要预编译。因此，Python 语言仅存在运行时多态，程序运行时根据参数类型确定所需调用的函数。

有了继承才能有多态。多态一定是发生在子类与父类之间，在调用实例方法时可以不考虑该方法属于哪个类，将其当作父类对象处理。

【例 8.9】多态的应用。

代码如下：

```
classA(object):
    def run(self):
        print("this is A")
class B(A):
    def run(self):
        print("this is B")
class C(A):
    def run(self):
        print("this is C")

# 主程序
b=B()
b.run()
c=C()
c.run()
```

程序输出结果：

```
this is B
this is C
```

8.5 应用举例

【例 8.10】随机产生 10 个数的列表，对该列表进行选择排序。

代码如下：

```
import random
class OrderList:
    def _init_(self):
        self.arr=[]
        self.num=0
    def getList(self)
        for i in range(10):
          self.arr.append(random.randint(1,100))
          self.num+=1
def selectSort(self)
        for i in range(0,self.num-1):
          for j in range(i+1,self.num):
              if self.arr[i]>self.arr[j]:
                self.arr[i],self.arr[j]=self.arr[j],self.arr[i]
    Lst=OrderList()
    Lst.getList()
    Print("before:",lst.arr)
    Lst.selectSort()
Print("after:",lst.arr)
```

程序输出结果：

```
before:[23,54,34,64,47,98,3,5]
after:[3,5,23,34,47,54,64,98,]
```

【例 8.11】摆放家具。

分析：有指定户型的房子总面积和家具名称列表，新房子没有任何的家具，家具有名字和占地面积要求，其中：床 3 平方米，衣柜 2 平方米，餐桌 2 平方米。将这三件家具添加到新房中。要求输出：户型，总面积，剩余面积，家具名称列表。

代码如下：

```
class House:
    def _init_(self,name,area):
```

```
        self.name=name
        self.area=area
    def _str_(self):
        return '[%s] 占地 %.2f' %(self.name,self.area)

class Houses:
    def _init_(self,house_type,area):
        self.house_type=house_type
        self.area=area
        self.free_area=area
        self.item_list=[]

    def _str_(self):
        return '户型:%s\n 总面积:%.2f[剩余:%.2f]\n 家具:%s' %(self.house_type,
self.area,self.free_area,self.item_list)

    def add_item(self,item):
        print('要添加 %s' % item)
        if item.area > self.free_area:
            print('%s 的面积太大了,无法添加' % item.name)
            return
        self.item_list.append(item.name)
        self.free_area -=item.area

mybed=House('床',3)
print(mybed)

mychest=House('衣柜',2)
print(mychest)
mytable=House('桌子',2)
print(mytable)
myhome=Houses('三室两厅',132)
myhome.add_item(mybed)
myhome.add_item(mychest)
myhome.add_item(mytable)
print(myhome)
```

执行结果如下:

```
[床] 占地 3.00
[衣柜] 占地 2.00
[桌子] 占地 2.00
```

```
要添加［床］占地 3.00
要添加［衣柜］占地 2.00
要添加［桌子］占地 2.00
户型：三室两厅
总面积：132.00［剩余：125.00］
家具：['床','衣柜','桌子']
```

本章小结

本章主要分析了Python面向对象程序的基本概念及与面向过程的区别，Python编程中类的定义与使用方法，Python对象的创建和使用以及Python类的继承和多态的用法，并通过应用程序实例展示了面向对象程序设计的具体应用。

习题

1. 编写程序，从键盘输入a、b、c的值，求解一元二次方程 $ax^2+bx+c=0$。要求使用类属性和类方法来实现。

2. 编写程序，从键盘输入三角形的三条边a、b、c的值，计算并输出三角形的面积。要求使用实例属性和实例方法来实现。

3. 编写程序，从键盘输入两个正整数，计算它们的最大公约数和最小公倍数。要求使用静态方法来实现。

4. 创建一个学生类Student，包括学号、姓名、成绩、奖学金等属性和修改成绩、发奖学金两个方法，建立两个实例化对象并使用。

5. 建立一个汽车类car，包括轮胎个数、汽车颜色、车身重量、速度等属性，并通过不同的构造方法创建实例，要求汽车能够加速、减速、停车。再定义一个小汽车类，继承car并添加空调、CD属性，且重新实现方法以覆盖加速、减速的方法。

第 9 章　Python 图形界面设计

本章概述

图形用户界面(GUI)是一种人与计算机通信的界面显示格式。Python 支持多种图形界面的第三方库，包含 Tkinter、wxPython、Jython 等。本章将系统描述 Python 图形界面设计基础、Tkinter 各种控件的定义与使用方法、Python 图形界面对象的布局和事件的处理。

学习目标

1. 掌握图形界面设计的基本概念。
2. 掌握图形界面设计中控件的定义和使用以及界面的布局和事件的处理等。

9.1　图形界面编程基础

图形用户界面(Graphic User Interface，GUI)，是一种人与计算机通信的界面显示格式。它让人使用起来非常直观，人们用鼠标点击菜单、按钮等图形化元素触发计算机指令，同时能够通过对话框、文本标签等图形化显示界面从中获取信息，实现人机交流。

Python 支持很多种图形界面的第三方库，包括 Tkinter、wxPython、Jython 等。本章主要介绍 Python 自带库支持的 Tkinter。使用 Tkinter，无须安装任何包，就可以直接使用。(注意：Python 3. X 版本使用的库名为 tkinter，即首字母 T 为小写。)

GUI 编程步骤：

(1)导入 tkinter 模块

tkinter 模块是 Python 提供的标准 GUI 开发工具包。创建 GUI 程序首先要导入 tkinter 模块，其语句格式为：

格式一：

```
Import Tkinter
```

格式二：

```
from Tkinter import *
```

格式三：

```
Import tkinter as TK
```

(2)创建 GUI 根窗口或主窗口

导入 tkinter 模块后，可以通过 Tk 类的无参数构造函数 Tk()来创建主窗口，其调用格式为：

```
窗口对象名=Tk()
```

说明：图形化应用程序的窗体都有一个根窗体，是 tkinter 的底层控件的根控制器。当导入完 tkinter 模块后，调用 Tk()方法来初始化一个根窗体。

例如：创建 myform 窗体

```
myform=Tk()
```

• 用 title()方法来设置窗体的标题文字：

```
myform.title('我的 Python 窗体')
```

• 用 geometry()方法可以设置窗体的大小(单位默认是像素)，注意窗体高度和宽度之间的连接符号为 x：

```
myform.geometry('300x300')
```

• 用 mainloop()方法可以使主窗口显示在屏幕上，直至单击"关闭"按钮：

```
myform.mainloop()
```

(3)添加人机交互控件并编写相应的函数

(4)在主事件循环中等待用户触发事件响应

【例 9.1】第一个 GUI 程序。

程序代码如下：

```
from tkinter import *
myform=Tk()                                  #初始化一个根窗体实例
myform.title('我的 Python 窗体')              #设置标题文字
myform.geometry('300x300')
myform.mainloop()                            #启动消息循环,让窗体呈现
```

程序输出结果如图 9-1 所示。

提示：有时程序会报错"ImportError：No module named tkinter"。这里的问题基本上是在 python 中没有配置好运行环境。进入 python 的命令行，输入 import Tkinter (python2)或 import tkinter(python3)即可。

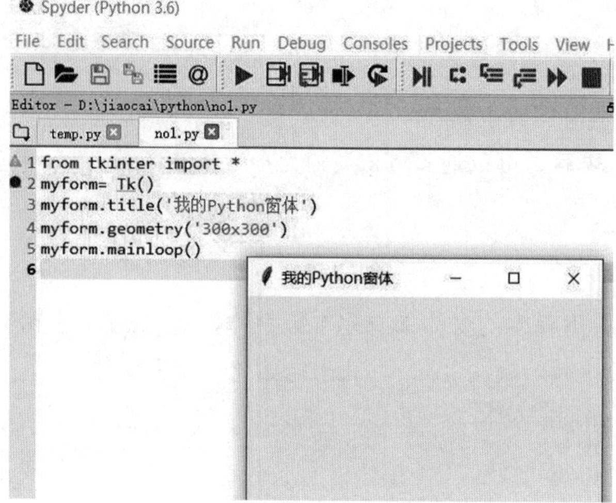

图 9-1 主窗体

9.2 常用控件

9.2.1 Tkinter 控件

使用 Tkinter 模块中的 Tk 类构造函数创建的主窗口只是为图形用户界面提供了一个基本容器，必须在主窗口中添加各种各样的控件，才能最终构成应用程序的图形用户界面。Python 使用 Tkinter 可以快速创建 GUI 应用程序。Tkinter 提供图像化应用程序开发所需要的各种控件，如按钮、标签和文本框等。这些控件在 GUI 应用程序中使用时通常称为组件或者控件。

Tkinter 模块包含 15 个 Tkinter 控件，如表 9-1 所示。

表 9-1 常用 Tkinter 控件

控件	名称及作用
Button	按钮控件：在程序中显示按钮，单击触发事件
Canvas	画布控件：绘制图形如线条或文本
Checkbutton	复选框控件：用于在程序中提供多项选择
Entry	输入控件：用于显示简单的单行文本输入
Frame	框架控件：在屏幕上显示一个矩形区域，作为容器用于控件分组
Label	标签控件：可以显示单行文本或位图
Listbox	列表框控件：在 Listbox 窗口小部件是用来显示文本列表

续表

控件	名称及作用
Menubutton	菜单按钮控件：由于显示菜单项。
Menu	菜单控件：创建菜单位栏，下拉菜单和弹出菜单
Message	消息控件：用来显示多行文本，与 label 比较类似
Radiobutton	单选按钮控件：互斥的多个选项中显示一个单选的按钮状态
Scale	范围控件：默认垂直方向，为输出限定范围的数字区间
Scrollbar	滚动条控件：默认垂直方向，鼠标拖动改变数值，当内容超过可视化区域时使用，如文本控件，列表框等控件配合
Text	文本控件：用于显示多行文本
Toplevel	容器控件：用来提供一个单独的对话框，和 Frame 比较类似
Spinbox	输入控件：与 Entry 类似，但是可以指定输入范围值
PanedWindow	PanedWindow 是一个窗口布局管理的插件，可以包含一个或多个子控件
LabelFrame	labelframe 是一个简单的容器控件。常用与复杂的窗口布局
tkMessageBox	用于显示你应用程序的消息框

在窗体上呈现的可视化控件，通常包括大小、字体、颜色、图标样式和悬停光标形状等共同属性。不同的控件由于作用和外观不同，又有它自己特有的特征属性。常见的控件共同属性如表 9-2 所示。

表 9-2　常用控件的共同属性

属性	描述
Dimension	控件大小
Color	控件颜色
Font	控件字体
Anchor	锚点：文本起始位置
Relief	控件样式
Bitmap	位图：黑白二值图标
Cursor	光标：鼠标悬停光标
Width	宽(文本控件的单位为行，不是像素)
Height	高(文本控件的单位为行，不是像素)

9.2.2　Text 控件

文本框(Text)控件是最常用的控件之一。它的常用方法如表 9-3 所示。

表 9-3　文本框(Text)常用方法

方法	功能
delete(起始位置，[，终止位置])	删除指定区域文本
get(起始位置，[，终止位置])	获取指定区域文本
insert(位置，[，字符串]...)	将文本插入到指定位置
see(位置)	在指定位置是否可见文本，返回布尔值
index(标记)	返回标记所在的行和列
mark _ names()	返回所有标记名称
mark _ set(标记，位置)	在指定位置设置标记
mark _ unset(标记)	去除标记位置

【例 9.2】每隔 2 秒获取一次当前日期的时间，并写入文本框中。

分析：本例中可使用 datetime. now()来获取当前日期时间，用文本框的 insert()方法每次从文本框 txt 的尾部(END)开始追加获取当前日期时间。

程序代码如下：

```
from tkinter import *
import time
import datetime

def currenttime():
    s=str(datetime.datetime.now())+'\n'
    txt.insert(END,s)
    myform.after(2000,currenttime)        #每隔 2s 调用函数 gettime 自身获取时间

myform=Tk()
myform.geometry('400x300')
myform.title('当前时间')
txt=Text(myform)
txt.pack()
currenttime()
myform.mainloop()
```

程序输出结果如图 9-2 所示。

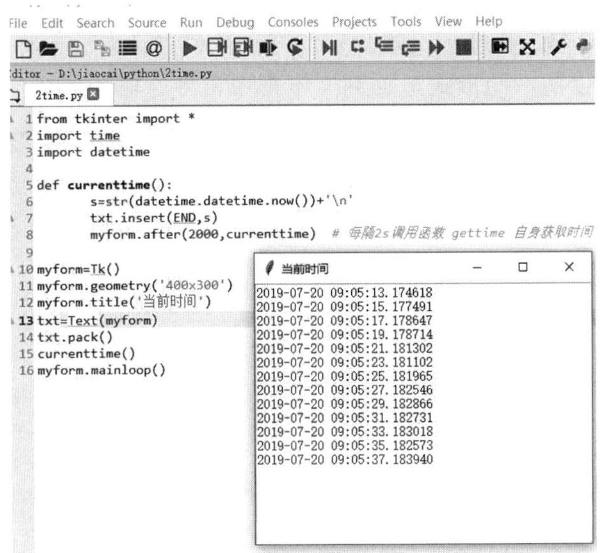

图 9-2　当前时间

9.2.3　Button 控件

按钮(Button)控件，在程序中显示按钮样式，鼠标单击时响应鼠标单击事件触发运行程序。因此它除了控件共有属性外，属性 command 是呈现它最明显特点的一个属性。一般情况下，首先我们要将响应按钮鼠标单击事件触发运行程序预先定义成函数形式，然后可以使用下面两种方法进行调用。默认情况下，Button 按钮的有三种状态：normal、disabled、active。

按钮(Button)控件的方法：

(1)flash()：将前景色与背景色互换来产生闪烁的效果。

(2)invoke()：执行 command 属性所定义的函数。

按钮(Button)控件的使用：

(1)直接调用函数

参数表达式格式为：

```
command=函数名
```

说明：函数名后面没有加括号，所以也不能传递参数。如下面实例中的 command=run01。

(2)利用匿名函数调用函数和传递参数

参数表达式格式为：

```
command=lambda:函数名(参数列表)
```

如下面实例中的 command=lambda:run02(input01.get(),input02.get())。

【例 9.3】减法器。

分析：①在两个输入框输入文本后转为浮点数值进行减法运算，要求每次单击按钮产生的数据结果以文本的形式追加到文本框中，将原输入框清空。②按钮方法一：不传参数，调用函数 run01()实现；按钮方法二：用 lambda 调用函数 run02(x,y)同时传递参数实现。

程序代码如下：

```
from tkinter import *
def run01():                              # 定义函数
    a=float(input01.get())
    b=float(input02.get())
    c='%0.2f-%0.2f=%0.2f\n' %(a,b,a -b)
    txt.insert(END,c)                     # 运算结果追加显示在文本框中
    input01.delete(0,END)                 # 清空输入框
    input02.delete(0,END)                 # 清空输入框
def run02(x,y):
    a=float(x)
    b=float(y)
    c='%0.2f-%0.2f=%0.2f\n' %(a,b,a -b)
    txt.insert(END,c)                     # 运算结果追加显示在文本框中
    input01.delete(0,END)                 # 清空输入
    input02.delete(0,END)                 # 清空输入

myform=Tk()
myform.geometry('400x300')
myform.title('减法器')

lb1=Label(myform,text='请输入两个数,点击其中一个按钮进行减法计算')
lb1.place(relx=0.1,rely=0.1,relwidth=0.8,relheight=0.1)
input01=Entry(myform)
input01.place(relx=0.1,rely=0.25,relwidth=0.3,relheight=0.1)
input02=Entry(myform)
input02.place(relx=0.6,rely=0.25,relwidth=0.3,relheight=0.1)
                                          #方法一直接调用 run01()
button01=Button(myform,text='按钮方法一',command=run01)
button01.place(relx=0.1,rely=0.4,relwidth=0.3,relheight=0.1)
                                          #方法二利用 lambda 传参数调用 run02()
button02=Button(myform,text='按钮方法二',command=lambda:run02(input01.get(),
input02.get()))
button02.place(relx=0.6,rely=0.4,relwidth=0.3,relheight=0.1)
```

```
#在窗体垂直自上而下位置55%处起,布局相对窗体高度45%高的文本框
txt=Text(myform)
txt.place(rely=0.55,relheight=0.45)
myform.mainloop()
```

程序输出结果如图 9-3 所示。

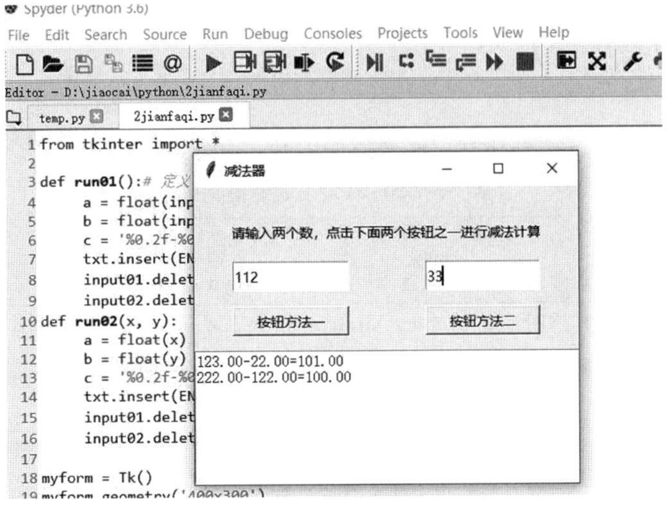

图 9-3 减法器

9.2.4 Canvas 控件

Canvas 控件为 Tkinter 提供了绘图功能。用 Canvas 控件可以创建弧形、圆形、多边形、线条、位图等。并且 Canvas 允许重新改变这些图形的属性，如改变其坐标、外观等。

Canvas 控件的使用方法：

```
canvas(root,option,…)
```

说明：

(1)option 选项含义如表 9-4 所示。

表 9-4 option 选项取值及含义

参数	功能
master	代表了父窗口
bg	背景色，如 bg="green"，bg="#ff234f"
fg	前景色，如 fg="blue"，fg="#443212"
height	设置显示高度、如果未设置此项，其大小以适应内容标签

续表

参数	功能
relief	指定外观装饰边界附近的标签，默认是平的，可以设置的参数：flat、groove、raised、ridge、solid、sunken
width	设置显示宽度，如果未设置此项，其大小以适应内容标签
state	设置组件状态；正常(normal)，激活(active)，禁用(disabled)
bd	设置 button 的边框大小；bd(bordwidth)缺省为 1 或 2 个像素

(2)除了 option，canvas 还有一些专属的参数，如表 9-5 所示。

表 9-5　canvas 常见的专属参数

参数	功能
create _ arc	绘制圆弧：(起始坐标)，(终点坐标)，width=线宽，fill=颜色
create _ bitmap	绘制位图：支持 xbm，bitmap=bitmapimage(file=filepath)
create _ image	绘制图片：支持 gif(x,y,image,anchor)；image=photoimage(file="../* *.gif")，目前仅支持 gif 格式
create _ line	绘制直线：需要指定两个点的坐标，分别作为直线的起点和终点。
create _ oval;	绘制椭圆：需要指定两个点的坐标，分别作为左上角点和右下角点的坐标来确定一个矩形，而该方法则负责绘制该矩形的内切椭圆；
create _ polygon	绘制多边形：(坐标依次罗列，不用加括号，还有参数，fill，outline)多个点的坐标，fill=填充的颜色，outline=边框的颜色
create _ rectangle	绘制矩形：((a，b，c，d)，值为左上角和右下角的坐标
create _ text	绘制文字：字体参数 font，如 font=("微软雅黑"，18)
create _ window	绘制窗口
delete	删除绘制的图形
itemconfig	修改图形属性：第一个参数为图形的 id，后边为想修改的参数
move	移动图像
coords(id)	返回对象的位置的两个坐标(4 个数字元组)

应用：

(1)创建画布

```
import tkinter as tk
myform=tk.Tk()
myform.geometry("600x300+200+100")
# 创建画布
canvas=tk.Canvas(myform,bg="green")
canvas.place(relx=0.05,rely=0.05,relwidth=0.9,relheight=0.9)
myform.mainloop()
```

(2)绘制不同的图形

```
# 画一条实线,fill:填充的颜色
line1=canvas.create_line((40,0),(40,200),width=2,fill="yellow")

# 画一条虚线 dash=(1,1)
canvas.create_line((50,0),(510,300),width=5,fill="blue",dash=(2,1))

# 画一个圆弧
canvas.create_arc((90,90),(180,180),width=8)

# 显示文字
canvas.create_text((300,100),text="文字",font=("微软雅黑",18))

# 绘制矩形,outline:线条颜色
canvas.create_rectangle(180,25,250,75,fill='red',outline='green',width=4)

# 绘制椭圆
canvas.create_oval(260,25,360,80,fill='white',outline='pink',width=4)

# 绘制多边形
point=[(50,80),(110,205),(205,310),(310,410),(410,510)]
canvas.create_polygon(point,outline='green',fill='orange')

#定义删除实线
def dele_line():
    canvas.delete(line1)
#绑定按钮事件
btn=tk.Button(canvas,text="删除",command=dele_line)
btn.place(relx=0.4,rely=0.8)
myform.mainloop()
```

【例 9.4】绘制奥运五环标志。

程序代码如下:

```
import tkinter as tk
myform=tk.Tk()
myform.geometry("600x300")
# 创建画布
canvas=tk.Canvas(myform,bg="white")
canvas.place(relx=0.05,rely=0.05,relwidth=0.9,relheight=0.9)
options=[(4,None,'blue'),(4,None,'black'),(4,None,'red')]        # 定义五环前三环色
```

```
for i,op in enumerate(options):
    canvas.create_oval((130+i*100,110,240+i*100,220),mwidth=op[0],
                       fill=op[1],
                       outline=op[2])
options=[(4,None,'yellow'),(4,None,'green')]            #定义五环后两环色
for i,op in enumerate(options):
    canvas.create_oval((180+i*100,190,290+i*100,300),
                       width=op[0],
                       fill=op[1],
                       outline=op[2])
myform.mainloop()
```

注意：本例中 enumerate()的用法，enumerate()是 Python 的内置函数。在同时需要用到 index 和 value 值的时候可以用到 enumerate，参数为可遍历的变量，如字符串、列表等。对于一个可迭代的(iterable)/可遍历的对象(如列表、字符串)，enumerate 将其组成一个索引序列，利用它可以同时获得索引和值。

程序输出结果如图 9-4 所示。

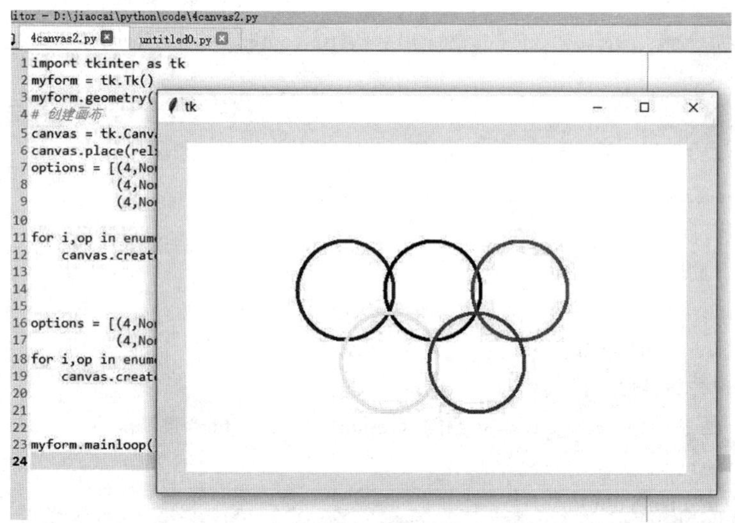

图 9-4　奥运五环标志

9.2.5　Entry 控件

Entry 控件是 Tkinter 用来接收字符串等输入的控件。该控件允许用户输入一行文字，如果用户输入的文字长度长于 Entry 控件的宽度时，文字会向后滚动。这种情况下所输入的字符串无法全部显示，点击箭头符号可以将不可见的文字部分移入可见区域。这肯定不是用户所需要的，因此如果用户想要输入多行文本，就需要使用 Text 控件。如果需要显示一行或多行文本且不允许用户修改，你可以使用 Label 组件。

Entry 控件的语法格式：

```
w=Entry(master,option,...)
```

说明：master 参数为其父控件，就是用来放置这个 Entry 的控件。像其他控件一样，我们可以在创建 Entry 控件之后再为其指定属性。因此创建方法中的 options 选项可以为空。

Entry 控件常用的方法如表 9-6 所示。

表 9-6　Entry 控件常用的方法

方法	功能
delete(first, last=None)	删除文本框里直接位置值
get()	获取文件框的值
icursor(index)	将光标移动到指定索引位置，只有当文框获取焦点后成立
index(index)	返回指定的索引值
insert(index, s)	向文本框中插入值，index：插入位置，s：插入值
select _ adjust(index)	选中指定索引和光标所在位置之前的值
select _ clear()	清空文本框
select _ from(index)	设置光标的位置，通过索引值 index 来设置
select _ present()	如果有选中，返回 true，否则返回 false
select _ range(start, end)	选中指定索引位置的值，start(包含)为开始位置，end(不包含)为结束位置 start 必须比 end 小 11
select _ to(index)	选中指定索引与光标之间的值
xview(index)	该方法在文本框链接到水平滚动条上很有用
xview _ scroll(number, what)	用于水平滚动文本框。what 参数可以是 UNITS，按字符宽度滚动，或者可以是 PAGES，按文本框组件块滚动。number 参数，正数为由左到右滚动，负数为由右到左滚动

【例 9.5】Entry 控件的应用。

分析：创建两个 Entry 控件，一个用来输入中文名，一个用来输入英文名。用不带创建方法中的 options 选项来创建 Entry。

程序代码如下：

```
from tkinter import *


master=Tk()
Label(master,text="中文名").grid(row=2)
Label(master,text="英文名").grid(row=3)
```

```
entry1=Entry(master)
entry 2=Entry(master)

entry 1. grid(row=2,column=1)
entry 2. grid(row=3,column=1)

mainloop()
```

现在已经创建了两个 Entry 控件，用户可以通过 Entry 控件输入数据。然后让后台得到这些数据，调用 Entry 类的 get()方法。对上面的程序进行修改，增加两个按钮，分别命名为“退出”和“显示”。在“显示”按钮上，绑定了自定义的 showentry()函数，然后让该函数调用 Entry 类的 get()方法。这样每次“显示”按钮事件被触发时，Entry 控件的内容就会输出在终端上。

```
from tkinter import *
def showentry():
  print("中文名:%s\n 英文名:%s" %(entry1. get(),entry2. get()))

master=Tk()
Label(master,text="中文名"). grid(row=2)
Label(master,text="英文名"). grid(row=3)

entry1=Entry(master)
entry2=Entry(master)

entry1. grid(row=2,column=1)
entry2. grid(row=3,column=1)
Button(master,text='退出',command=master. quit). grid(row=4,column=0,sticky=W,
pady=4)
Button(master,text='显示',command=showentry). grid(row=4,column=2,sticky=W,
pady=4)
mainloop()
```

假设需要在 Entry 控件上显示默认值，例如中文输入框的默认值为“张三丰”，英文名字输入框的默认值为“zsanfen”。只需要在 Entry 控件创建后加入如下两行代码：

```
entry1. insert(10,"张三丰")
entry2. insert(10,"zsanfeng")
```

如果需要在每次单击“显示”按钮输出内容后，将 Entry 的原来显示内容清空。这时，可以使用 Entry 类的 delete()方法。该方法的调用方式为 delete(first, last=None)，两个参数都是整型。如果只传入一个参数，则会删除这个数字指定位置(index)上的字符。如果传入两个参数，则表示删除从“first”到“last”指定范围内的字符。使用 delete(0，END)可以删除 Entry 控件已输入的全部字符。

程序输出结果如图 9-5 所示。

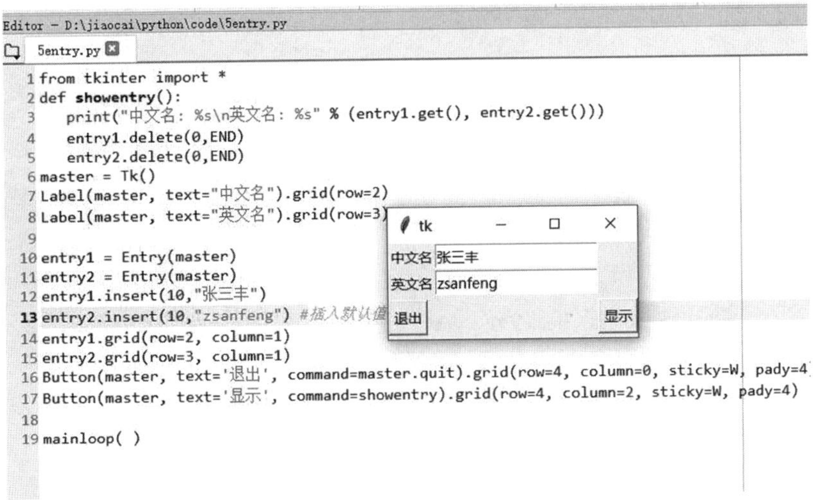

```
Editor - D:\jiaocai\python\code\5entry.py
5entry.py

from tkinter import *
def showentry():
    print("中文名: %s\n英文名: %s" % (entry1.get(), entry2.get()))
    entry1.delete(0,END)
    entry2.delete(0,END)
master = Tk()
Label(master, text="中文名").grid(row=2)
Label(master, text="英文名").grid(row=3)

entry1 = Entry(master)
entry2 = Entry(master)
entry1.insert(10,"张三丰")
entry2.insert(10,"zsanfeng") #插入默认值
entry1.grid(row=2, column=1)
entry2.grid(row=3, column=1)
Button(master, text='退出', command=master.quit).grid(row=4, column=0, sticky=W, pady=4
Button(master, text='显示', command=showentry).grid(row=4, column=2, sticky=W, pady=4)

mainloop( )
```


图 9-5　Entry 输入控件的应用

9.2.6　Checkbutton 控件

Checkbutton 控件就是常用的复选框，是为了返回多个选项值的交互控件。通常不直接触发函数的执行。该控件除具有共有属性外，还具有显示文本(text)、返回变量(variable)、选中返回值(onvalue)和未选中默认返回值(offvalue)等重要属性。返回变量 variable=var 通常可以预先逐项分别声明变量的类型 var=IntVar()(默认)或 var=StringVar()，在所调用的函数中方可分别调用 var. get()方法取得被选中实例的 onvalue 或 offvalue 值。

复选框实例通常还可分别利用 select()、deselect()和 toggle()方法对其进行选中、清除选中和反选操作。

Checkbutton 控件常用的方法如表 9-7 所示。

表 9-7　Checkbutton 控件常用的方法

方法	功能
deselect()	清除复选框选中选项
flash()	在激活状态颜色和正常颜色之间闪烁几次单选按钮，但保持它开始时的状态
invoke()	可以调用此方法来获得与用户单击单选按钮以更改其状态时发生的操作相同的操作
select()	设置按钮为选中
toggle()	选中与没有选中的选项互相切换

【例 9.6】Checkbutton 控件的应用。

程序代码如下：

```
from tkinter import *
import tkinter

def run():
if(CheckVar1.get()==0andCheckVar2.get()==0andCheckVar3.get()==0and
CheckVar4.get()==0):
        s='您还没选择任何项目'
    else:
        s1="足球" if CheckVar1.get()==1 else ""
        s2="篮球" if CheckVar2.get()==1 else ""
        s3="排球" if CheckVar3.get()==1 else ""
        s4="台球" if CheckVar4.get()==1 else ""
        s="您选择了%s %s %s %s" %(s1,s2,s3,s4)
    lab2.config(text=s)

myform=tkinter.Tk()
myform.title('复选框')
lab1=Label(myform,text='请选择您最喜欢的球类运动项目')
lab1.pack()

CheckVar1=IntVar()
CheckVar2=IntVar()
CheckVar3=IntVar()
CheckVar4=IntVar()

choice1=Checkbutton(myform,text='足球',variable=CheckVar1,onvalue=1,offvalue=0)
choice2=Checkbutton(myform,text='篮球',variable=CheckVar2,onvalue=1,offvalue=0)
choice3=Checkbutton(myform,text='排球',variable=CheckVar3,onvalue=1,offvalue=0)
choice4=Checkbutton(myform,text='台球',variable=CheckVar4,onvalue=1,offvalue=0)

choice1.pack()
choice2.pack()
choice3.pack()
choice4.pack()

btn=Button(myform,text="确定",command=run)
btn.pack()
```

```
lab2=Label(myform,text='')
lab2.pack()
myform.mainloop()
```

程序输出结果如图 9-6 所示。

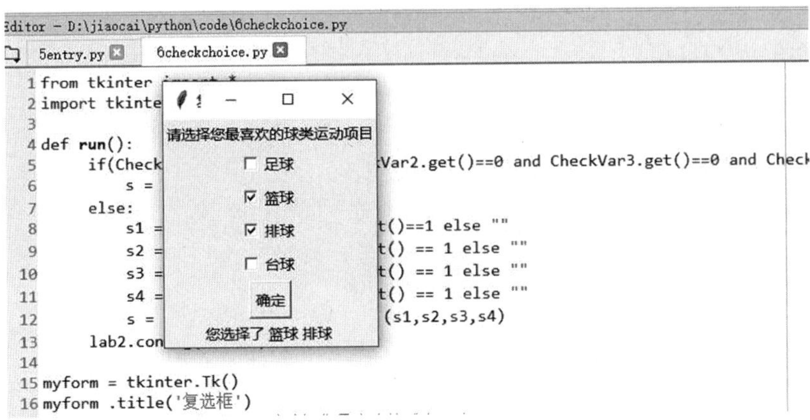

图 9-6 Checkbutton 复选框应用

9.3 对象的布局

当向一个框架中放置一些控件后，就需要一种对它们进行合理组织的手段，将控件指定到对应位置，以控制 GUI 的外观。布局管理器就可以实现这种功能。大多数 GUI 工具包均使用“布局(Layout)”来排布控件。Tkinter 提供了 pack()、grid()和 place()三种完全不同的布局管理方法。

9.3.1 pack()方法

pack()方法，是一种最简单的布局方法，如果以不加参数的默认方式进行布局的话，将按布局语句的先后，将控件实例自上而下地以最小占用空间的方式进行排列，同时保持控件本身的最小尺寸。

使用 pack()方法还可设置 fill、side 等属性参数，如表 9-8 所示。

表 9-8 pack()方法常用的属性

属性	功能
fill	fill=X，fill=Y 或 fill=BOTH，分别表示允许控件向水平方向、垂直方向或二维伸展填充未被占用控件
side	side=TOP(默认)，side=LEFT，side=RIGHT，side=BOTTOM，分别表示本控件实例的布局相对于下一个控件实例的方位

【例 9.7】pack()方法的应用。

分析：用 pack()方法不使用参数排列标签控件。标签文本使用了不同长度的中英文，能清楚看到各控件所占用的空间大小。

程序代码如下：

```
from tkinter import  *
myform=Tk()

lbworld=Label(myform,text="my world",fg="black")
lbworld.pack()
lbgreenworld=Label(myform,text="绿色世界",fg="green")
lbgreenworld.pack(side=RIGHT)
lbblue=Label(myform,text="深蓝",fg="blue")
lbblue.pack(fill=X)
myform.mainloop()
```

程序输出结果如图 9-7 所示。

图 9-7　pack()方法的使用

9.3.2　grid()方法

grid()方法，是基于网格的布局。程序先虚拟出一个二维表格，然后在该表格中布局控件实例。由于在虚拟表格的单元中所布局的控件实例大小都不相同，单元格也没有固定或统一的大小，一般只用于布局的定位。

注意：pack()方法与 grid()方法不能够混合使用。

grid()方法常用布局参数如表 9-9 所示。

表 9-9　grid()方法常用参数

参数	功能
column	控件的起始列，最左边为第 0 列
ipadx，ipady	控件所呈现区域内部的像素数，用来设置控件实例的大小
columnspan	控件所跨越的列数，默认为 1 列

续表

参数	功能
padx，pady	控件所占据空间像素数，用来设置实例所在单元格的大小
row	控件的起始行，最上面为第 0 行
rowspan	控件的起始行数，默认为 1 行

【例 9.8】grid()方法的应用。

分析：用 grid()方法排列标签，假想有一个 4×4 的表格，起始行、列序号均为 0。将标签 lbworld 至于第 3 列第 0 行；将标签 lbgreenworld 置于第 1 列第 2 行；将标签 lbblue 置于第 1 列起跨 2 列第 3 行，占 30 像素宽。显示效果设置了 relief=GROOVE 的凹陷边缘属性。

程序代码如下：

```
from tkinter import    *
myform=Tk()

lbworld=Label(myform,text="my world",fg="red",relief=GROOVE)
lbworld.grid(column=3,row=0)
lbgreenworld=Label(myform,text="绿色世界",fg="green",relief=GROOVE)
lbgreenworld.grid(column=1,row=2)
lbblue=Label(myform,text="深蓝",fg="blue",relief=GROOVE)
lbblue.grid(column=1,columnspan=2,ipadx=30,row=3)
myform.mainloop()
```

程序输出结果如图 9-8 所示。

图 9-8 grid()方法的使用

9.3.3 place()方法

place()方法，根据控件实例在父容器中的绝对或相对位置参数进行布局。

place()方法常用布局参数如表 9-10 所示。

表 9-10　place()方法常用布局参数

参数	功能
x，y	控件实例在根窗体中水平和垂直方向上的其实位置(单位为像素)。注意，根窗体左上角为 0，0，水平向右，垂直向下为正方向
relx，rely	控件实例在根窗体中水平和垂直方向上起始布局的相对位置。即相对于根窗体宽和高的比例位置，取值在 0.0～1.0 之间
height，width	控件实例本身的高度和宽度(单位为像素)
relheight，relwidth	控件实例相对于根窗体的高度和宽度比例，取值在 0.0～1.0 之间

【例 9.9】place()方法排列多行文本标签。

分析：利用 place()方法并使用好 relx，rely 和 relheight，relwidth 等参数显示的界面可以自适应根窗体尺寸的大小。同时 place()方法也可以和 grid()方法混合使用。

程序代码如下：

```
from tkinter import *
myform=Tk()
myform.geometry('400×300')

msg1=Message(myform,text="我的水平起始位置相对窗体 0.3,垂直起始位置为绝对位置100 像素,我的高度是窗体高度的 0.5,宽度是 200 像素",relief=GROOVE)
msg1.place(relx=0.3,y=100,relheight=0.5,width=200)
myform.mainloop()
```

程序输出结果如图 9-9 所示。

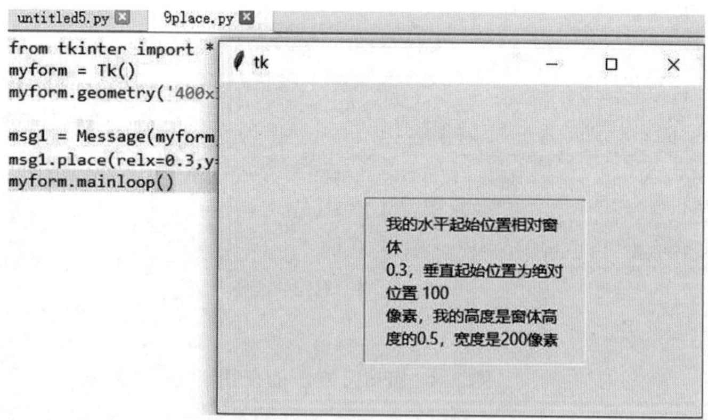

图 9-9　place()方法的使用

9.4 事件处理

所谓 event 事件是指可能会发生在对象上的事。当通过鼠标或键盘与图形用户界面交互操作时，会触发各种事件。当事件发生时，应用程序需要做出相应的响应或处理，以实现某项功能，这个过程称为事件处理。Tkinter 提供的组件包含许多内在行为，例如当按钮被点击时执行特定操作或者当一个输入栏成为焦点时等。Tkinter 的事件处理允许创建、修改或删除这些行为。

9.4.1 事件的属性

事件处理者就是程序中在当事件发生时被调用的某个函数。为程序建立的一个处理某一事件的事件处理者，称之为绑定。

1. 事件格式

在 Tkinter 中，事件的描述格式为：

<[modifier-]-type[-detail]>

其中：

(1)modifier：事件修饰符，如 Alt、Shit 组合键和 Double 事件。

(2)type：事件类型，如按键(Key)、鼠标(Button/Motion/Enter/Leave/Relase)、Configure 等。

(3)detail：事件细节，如鼠标左键(1)、鼠标中键(2)、鼠标右键(3)。

2. 事件对象的属性

当事件发生时，系统会创建一个事件对象并将其传入事件处理函数。事件对象具有一些属性，用于描述事件的状态及特征。表 9-11 列出事件对象包含的属性。

表 9-11　事件对象的常用属性

属性	功能
widget	事件发生的部件(也就是地点)
x,y	事件的位置(相对于控件来说的相对坐标)
x_root,y_root	事件的位置(相对于屏幕的左上角的坐标绝对坐标)
keysym	按键事件的值(如按下 g 则这个事件的 keysym 就是 g)
keycode	事件对象的数字码(如按下 f 的数字码是 70，注意大写的 F 的数字码也是 70，从这里可以使用 keycode 对大小写的 F 进行监听)
type	事件的一个类型(例如：键盘为 2，鼠标点击为 4，鼠标移动为 6)
char	按钮事件的一个字符代码(例如 f 键盘为'f')
num	鼠标点击的事件数字码(左鼠标点击为 1，中间鼠标为 2，右边是鼠标为 3)
width，height	新的部件的大小

3. 常用事件代码

常见鼠标事件如表 9-12 所示。

表 9-12　鼠标的常用事件

事件	事件代码	备注
单击鼠标左键	<ButtonPress－1>	可简写为<Button－1>或<1>
单击鼠标中键	<ButtonPress－2>	可简写为<Button－2>或<2>
单击鼠标右键	<ButtonPress－3>	可简写为<Button－3>或<3>
释放鼠标左键	<ButtonRelease－1>	
释放鼠标中键	<ButtonRelease－2>	
释放鼠标右键	<ButtonRelease－3>	
按住鼠标左键移动	<B1－Motion>	
按住鼠标中键移动	<B2－Motion>	
按住鼠标右键移动	<B3－Motion>	
转动鼠标滚轮	<MouseWheel>	
双击鼠标左键	<Double－Button－1>	
鼠标进入控件实例	<Enter>	注意与回车事件的区别
鼠标离开控件实例	<Leave>	
键盘任意键	<Key>	

9.4.2　事件绑定方法

事件绑定(event binding)，是当一个事件发生时程序能够做出响应。

通常有两类绑定方法：

(1)command 绑定事件处理方法

简单的事件处理可通过 command 选项来绑定，该选项绑定为一个函数或方法，当用户单击指定按钮时，通过该 command 选项绑定的函数或方法就会被触发。

【例 9.10】简单事件处理程序。

程序代码如下：

```
from tkinter import *
import random
myform=Tk()
myform.geometry('400x300')
lbworld=Label(myform,text="my world",fg="black")
bn=Button(myform,text='单击我',command=change)
bn.pack()
def change():
```

```
        lbworld['text']='欢迎学习 Python'
        lbworld.place(relx=0.1,rely=0.3,relwidth=0.8,relheight=0.1)
                                                    # 生成 3 个随机数
        ct=[random.randrange(256) for x in range(3)]
        grayness=int(round(0.299 * ct[0] + 0.587 * ct[1] + 0.114 * ct[2]))
                                    # 将元组中 3 个随机数格式化成 16 进制数,转成颜色格式
        bg_color="#%02x%02x%02x" % tuple(ct)
        lbworld['bg']=bg_color
        lbworld['fg']='black' if grayness > 125 else 'white'
                                                    # 定义事件处理方法
myform.title("简单事件处理")
myform.mainloop()
```

程序输出结果如图 9-10 所示。

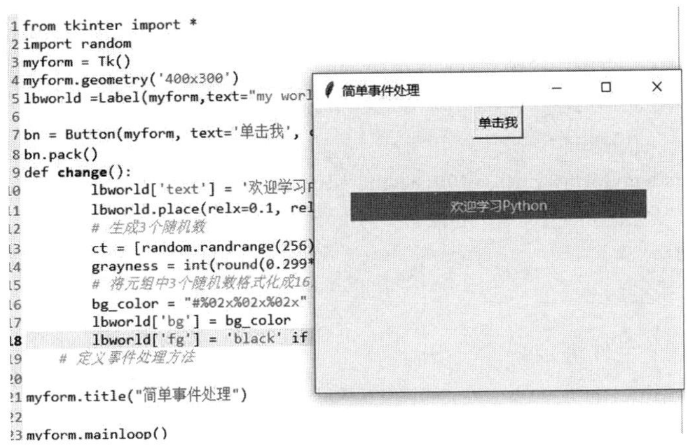

图 9-10　command 绑定简单事件处理

提示：程序中代码为 Button 的 command 选项指定为 change，这意味着当该按钮被单击时，将会触发当前对象的 change()方法。该 change()方法会改变界面上 Label 的文本和背景色。

(2)bind 绑定事件处理方法

bind 提供三种绑定方式：实例绑定 bind(将某个事件处理绑定到某个组件上)、类绑定 bind _ class(将某个事件处理绑定到某类组件上)、程序界面绑定 bind _ all(将某个事件处理绑定到所有组件上)。

①实例绑定：将事件与一特定的组件实例绑定。如可以将按下 PageUp 按键这一事件与一个 Canvas 组件实例绑定，来处理 Canvas 的翻页。调用组件实例的. bind()函数为组件实例绑定事件。

其格式为：

```
组件实例名.bind('事件类型',事件函数)        绑定到组件实例
```

②类绑定：将事件与一组件类绑定。我们可以绑定按钮组件类，使得所有按钮实例都可以处理鼠标中键事件作相应的操作。调用任意组件实例的. bind _ class()函数为特定组件类绑定事件。

其格式为：

```
控件实例名.bind_class('组件类型','事件类型',事件函数)
```

③程序界面绑定：当无论在哪一组件实例上触发某一事件，程序都作出相应的处理。例如将 PrintScreen 键与程序中的所有组件对象绑定，这样的话整个程序界面就能处理打印屏幕的事件了。调用任意组件实例的. bind _ all()函数为程序界面绑定事件。

【例 9.11】在程序窗口内单击鼠标，分别捕捉程序窗口内和屏幕的坐标。

程序代码如下：

```
#在程序窗口内单击鼠标,分别捕捉程序窗口内和屏幕的坐标
from tkinter import *
def callback(event):
    print("点击窗口坐标:",event.x,event.y)
    print("屏幕坐标:",event.x_root,event.y_root)
myform=Tk()
dd=Frame(myform,width=400,height=400,bg="blue")
dd.bind("<Button-1>",callback)
dd.pack()
myform.mainloop()
```

【例 9.12】一个组件绑定两个方法。

程序代码如下：

```
from tkinter import *
myform=Tk()
def click(event):
    print("当前位置是:",event.x,event.y)
def callback(event):
    print("您输入的信息是:",event.char)
ee=Text(myform,width=40,height=40,bg="#3424EB")
ee.bind("<KeyPress>",callback)
ee.bind("<Button-1>",click)
ee.pack()
myform.mainloop()
```

【例 9.13】按住鼠标左键移动，双击鼠标左键触发事件打印当前位置。

程序代码如下：

```
from tkinter import *
def motion(event):
```

```
        print("鼠标位置:(%s %s)" %(event.x,event.y))
        return
myform=Tk()
yidongshubiao="按住鼠标左键移动或双击鼠标左键)"
msg=Message(myform,text=yidongshubiao,bg="blue",fg="white")
                                                    #按住鼠标左键移动
msg.bind('<B1-Motion>',motion)
                                                    # 双击鼠标左键
msg.bind('<Double-Button-1>',motion)
msg.pack()
mainloop()
```

【例9.14】绑定自动触发的函数。

程序代码如下：

```
from tkinter import *
myform=Tk()
myform.minsize(260,150)
frame1=Frame(myform)
# 将鼠标的光标放到Text组件上时(范围内),自动触发dianji函数,输出鼠标在组件内的坐标
def dianji(event):
    print("自动触发,\n当前位置是:",event.x,event.y)
    #在自动触发的函数里面调用shuchu函数,打印用户输入的信息
    shuchu()
def shuchu():
    print("自动触发,\n输入的信息是:",entry1.get())
entry1=Entry(frame1,bg="#87CEEB")
entry1.pack()
    # 单击按钮会调用shuchu函数,打印Entry输入的信息
button1=Button(frame1,text="确定")
    # 当鼠标放到按钮范围内,会自动触发dianji函数
button1.bind("<Enter>",dianji)
button1.pack(fill=X)
frame1.pack()
myform.mainloop()
```

9.5 对话框

9.5.1 messagebox模块

消息对话框：用于显示应用程序的消息框，就是平时应用程序的弹窗。引用

tkinter. messagebox 包，可使用消息对话框函数。执行这些函数，可弹出模式消息对话框，并根据用户的响应返回一个布尔值。

其格式为：

消息对话框函数(<title=标题文本>,<message=消息文本>,[其他参数])

下面给出几种形式：

```
tk. messagebox. showinfo(title=''. message='')  # 提示信息对话窗
tk. messagebox. showwarning()                   # 提出警告对话窗
tk. messagebox. showerror()                     # 提出错误对话窗
tk. messagebox. askquestion()                   # 询问选择对话窗
tk. messagebox. askokcancel()                   # 返回 True 和 False
```

【例 9. 15】单击按钮，弹出确认取消对话框，并将用户回答显示在标签中。

程序代码如下：

```
from tkinter import *
import tkinter. messagebox
def xian():
    ans=tkinter. messagebox. askokcancel('请选择','请选择确定或者取消')
    if ans:
        lab. config(text='已确认')
    else:
        lab. config(text='已取消')
myform=Tk()
lab=Label(myform,text='')
lab. pack()
btn=Button(myform,text='弹出对话框',command=xian)
btn. pack()
myform. mainloop()
```

程序输出结果如图 9-11 所示。

图 9-11　messagebox 的使用

9.5.2 simpledialog 模块

输入对话框：引用 tkinter. simpledialog 包，可弹出输入对话框，用以接收用户的简单输入。输入对话框常用 askstring()、askfloat()和 askfloat()三种函数，分别用于接收字符串、整数和浮点数类型的输入。

【例 9.16】单击按钮，弹出输入对话框，接收文本输入显示在窗体的标签上。

程序代码如下：

```
from tkinter. simpledialog import *


def xian():
    s=askstring('请输入','请输入一行文字')
    lab. config(text=s)
myform=Tk()


lab=Label(myform,text='')
lab. pack()
btn=Button(myform,text='弹出输入对话框',command=xian)
btn. pack()
myform. mainloop()
```

程序输出结果如图 9-12 所示。

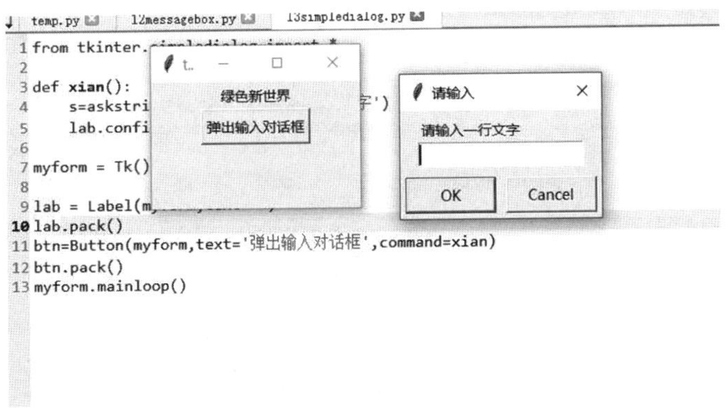

图 9-12 simpledialog 的使用

9.5.3 filedialog 模块

文件对话框：引用 tkinter. filedialog 包，可弹出文件对话框，让用户直观地选择一个或一组文件，以供进一步的文件操作。常用的对话框函数有 askopenfilename()、askopenfilenames()和 asksaveasfilename()，分别用于进一步打开一个文件、一组文件和保存文件。其中，askopenfilename()和 asksaveasfilenamme()函数的返回值类型为包

含文件路径的文件名字符串，而 askopenfilenames()函数的返回值类型为元组。

【例 9.17】单击按钮，弹出文件选择对话框(“打开”对话框)，并将用户所选择的文件路径和文件名显示在窗体的标签上。

程序代码如下：

```
from tkinter import *
import tkinter.filedialog


def xian():
    file=tkinter.filedialog.askopenfilename()
    if file != '':
        lab.config(text='您选择的文件是'+file)
    else:
        lab.config(text='您没有选择任何文件')
myform=Tk()
lab=Label(myform,text='')
lab.pack()
btn=Button(myform,text='弹出文件选择对话框',command=xian)
btn.pack()
myform.mainloop()
```

程序输出结果如图 9-13 所示。

图 9-13　filedialog 的使用

9.5.4　colorchooser 模块

颜色选择对话框：引用 tkinter.colorchooser 包，可使用 askcolor()函数弹出模式颜色选择对话框，让用户可以个性化地设置颜色属性。该函数的返回形式为包含 RGB

十进制浮点元组和 RGB 十六进制字符串的元组类型。通常，可将其转换为字符串类型后，再截取以十六进制数表示的 RGB 颜色字符串用于为属性赋值。如字符串((103.40234375,192.75,218.8515625)，'#67c0da') 切掉后=#67c0da

【例 9.18】单击按钮，弹出颜色选择对话框，并将用户所选择的颜色设置为窗体上标签的背景颜色。

程序代码如下：

```
from tkinter import *
import tkinter.colorchooser
def xian():
    color=tkinter.colorchooser.askcolor()
    colorstr=str(color)
    print('打印字符串%s 切掉后=%s' %(colorstr,colorstr[-9:-2]))
    lb.config(text=colorstr[-9:-2],background=colorstr[-9:-2])
myform=Tk()

lb=Label(myform,text='请注意颜色的变化')
lb.pack()
btn=Button(myform,text='弹出颜色选择对话框',command=xian)
btn.pack()
myform.mainloop()
```

程序输出结果如图 9-14 所示。

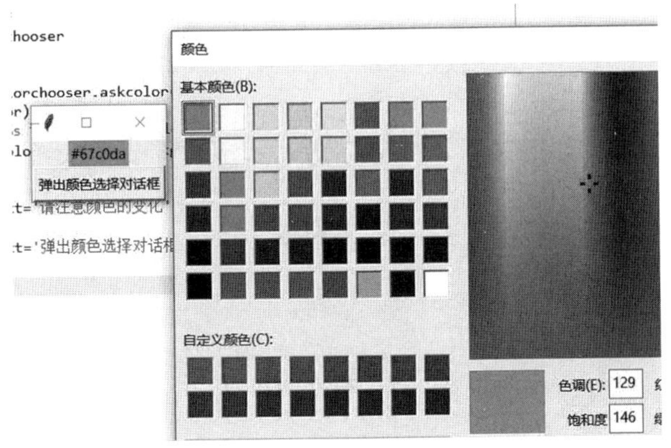

图 9-14　color 对话框

本章小结

Tkinter 是 Python 的标准界面库。本章讲述了在 Python 中利用 Tkinter 库进行程序界面的文本输入对话框、文本标签等图形化显示界面的定制布局方法，并通过应用程序实例展示了绑定触发事件等操作的具体应用。

习　题

1. 设计一个小程序，要求用文本框输入二进制，按转换键可以分别输出对应的八进制、十进制和十六进制。

2. 创建一个包含 4 个工具的工具栏，工具分别为 New、Open、Help 和 Exit。单击前 3 个按钮时在窗体下方的状态栏中显示相应的提示信息，单击 Exit 工具时退出程序。

3. 编写程序，计算 1+2+3+…+n。要求数据输入和输出均使用文本框。

第 10 章 Python 应用之数据分析

本章概述

Python 语言在数据分析方面有广泛应用。本章结合数据分析包 Pandas，应用 Python 对案例中的数据进行可视化分析，并给出了详细过程。

学习目标

1. 掌握 Pandas 的数据结构。
2. 掌握 Pandas 的绘图函数以及在数据分析方面的应用。

10.1 Pandas 及其数据结构

Pandas 是基于 NumPy 的一种工具，该工具是为了解决数据分析任务而创建的。Pandas 是 Python 的一个数据分析包，最初由 AQR Capital Management 于 2008 年 4 月开发，并于 2009 年年底开源出来。目前由专注于 Python 数据包开发的 PyData 开发团队继续开发和维护，属于 PyData 项目的一部分。Pandas 纳入了大量库和一些标准的数据模型，提供了高效地操作大型数据集所需的工具。同时 Pandas 提供了大量能使我们快速便捷地处理数据的函数和方法。

Pandas 最初被作为金融数据分析工具而开发出来，因此，Pandas 为时间序列分析提供了很好的支持。

10.1.1 Pandas 概述

Pandas 的名称来自面板数据(Panel Data)和 Python 数据分析(Data Analysis)。Panel Data 是经济学中关于多维数据集的一个术语，在 Pandas 中也提供了 Panel 的数据类型。

Pandas 是一个开源的、BSD 许可的库，为 Python 编程语言提供高性能，易于使用的数据结构和数据分析工具。它提供快速、灵活和富有表现力的数据结构，旨在使“关系”或“标记”数据的使用既简单又直观。旨在成为在 Python 中进行实际，真实世界数据分析的基础高级构建模块。此外，它还有更宏远的目标，即成为超过任何语言的最强大，最灵活的开源数据分析/操作工具。

Pandas 的两个主要数据结构 Series(1 维)和 DataFrame(2 维)，在处理金融、统计、社会科学和许多工程领域中有典型用例。其中许多技术都是为了解决使用其他语言/科研环境时经常遇到的缺点。对于数据科学家来说，处理数据通常分为多个阶段：

首先整理和清理数据，其次分析/建模数据，然后将分析结果组织成适合绘图或表格显示的形式。Pandas 是完成所有这些任务的理想工具。推荐使用 Python 3.x 及以上版本。

10.1.2 Pandas 安装与数据结构

1. Pandas 安装

(1)安装

在 dos 提示符下安装 Pandas，输入如下命令：

```
$ pip install pandas
```

(2)进入 Python 的交互式界面

```
$ python -i
```

(3)使用 Pandas

在 Python 提示符后输入如下命令：

```
>>> import pandas as pd
>>> df=pd.DataFrame()
>>> print(df)
```

(4)输出结果

```
>>> df=pd.DataFrame()
>>>df
Empty DataFrame
Columns:[]
Index:[]
>>>
```

2. Pandas 数据结构

Pandas 有两个主要数据结构 Series(1 维)和 DataFrame(2 维)。其功能如表 10-1 所示。

表 10-1 Pandas 数据结构

维数	名称	功能
1	Series	可以看做有标签(默认是整数序列 RangeIndex，可以重复)的一维数组(同类型)。同时也是 DataFrame 的元素
2	DataFrame	一般是二维标签，尺寸可变的表格结构，具有潜在的异质型列

说明：

(1)Series 是一种类似于一维数组的对象，是由一组数据(各种 NumPy 数据类型)以及一组与之相关的数据标签(即索引)组成。仅由一组数据也可产生简单的 Series 对象。

注意：Series 中的索引值是可以重复的。

(2)DataFrame 是 Pandas 中的一个表格型的数据结构，包含有一组有序的列，每列可以是不同的值类型(数值、字符串、布尔型等)，DataFrame 既有行索引也有列索引，可以被看作由 Series 组成的字典。

3. Pandas 应用

使用 Pandas 时通常按如下方式导入 Pandas：

```
In:import numpy as np
In:import pandas as pd
```

(1)对象创建

①通过传入一些值的列表来创建一个 Series，Pandas 会自动创建一个默认的整数索引。

例如：

```
In:s=pd.Series([1,3,5,np.nan,6,8])
In:s
Out:
```

输出结果如图 10-1 所示。

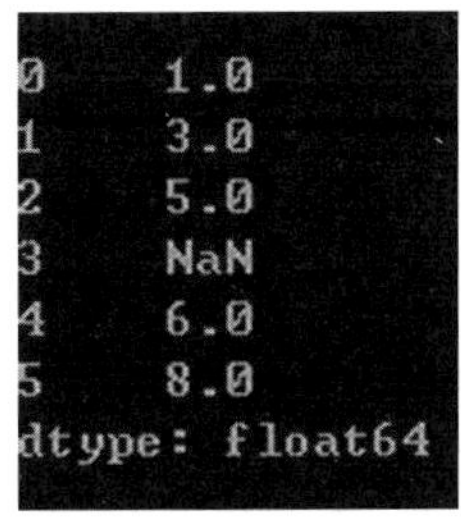

图 10-1 Series 结果输出图

再如：

```
In:obj=Series([4,7,-5,3])
In:obj
Out:
```

输出：

```
0    4
1    7
2    -5
3    3
```

Series 的字符串表现形式为：索引在左边，值在右边。由于我们没有为数据指定索引，于是会自动创建一个 0 到 N−1(N 为数据的长度)的整数型索引。可以通过 Series

的 values 和 index 属性获取其数组表示形式和索引对象。

例如：

```
In:obj. values
Out:array([ 4,7,-5,3])
In:obj. index
Out:Int64Index([0,1,2,3])
```

②通过传递带有日期时间索引和带标签列的 NumPy 数组来创建 DataFrame。

例如：

```
In:dates=pd. date_range('20130101',periods=6)
In:dates
Out:
DatetimeIndex(['2013-01-01','2013-01-02','2013-01-03','2013-01-04',
               '2013-01-05','2013-01-06'],
               dtype='datetime64[ns]',freq='D')
In:df=pd. DataFrame(np. random. randn(6,4),index=dates,columns=list('ABCD'))
In:df
Out:
                  A          B          C          D
2013-01-01   0.469112  -0.282863  -1.509059  -1.135632
2013-01-02   1.212112  -0.173215   0.119209  -1.044236
2013-01-03  -0.861849  -2.104569  -0.494929   1.071804
2013-01-04   0.721555  -0.706771  -1.039575   0.271860
2013-01-05  -0.424972   0.567020   0.276232  -1.087401
2013-01-06  -0.673690   0.113648  -1.478427   0.524988
```

③通过传递可以转化为类似 Series 的 dict 对象来创建 DataFrame。

例如：

```
In:df2=pd. DataFrame({'A':1.,
  ...:                'B':pd. Timestamp('20130102'),
  ...:                'C':pd. Series(1,index=list(range(4)),dtype='float32'),
  ...:                'D':np. array([3] * 4,dtype='int32'),
  ...:                'E':pd. Categorical(["test","train","test","train"]),
  ...:                'F':'foo'})
  ...:

In:df2
Out:
         A   B   C   D   E   F
2013-01-02  1.0  3  test  foo1  1.0
```

```
2013-01-02  1.0  3  train  foo2  1.0
2013-01-02  1.0  3  test   foo3  1.0
2013-01-02  1.0  3  train  foo4  1.0
```

(2) 通过 index 修改索引值，且索引值可以重复

例如：

```
ser2=pd.Series([98,99,90])
ser2.index=['语文','数学','语文']
print(ser2)
ser3=pd.Series(data=[99,98,97],dtype=np.float64,index=['语文','数学','历史'])
print(ser3)


语文    98
数学    99
语文    90
dtype:int64
语文    99.0
数学    98.0
历史    97.0
dtype:float64
```

(3)通过字典的方式创建 series，字典的 key 为 series 的索引值，字典的 values 为 series 的元素值

例如：

```
dit={'语文':90,'数学':99,'历史':98}
ser4=pd.Series(dit)
print(ser4)
历史    98
数学    99
语文    90
dtype:int64
```

10.2 Series 值的获取

Series 值的获取主要有两种方式：

(1)通过方括号+索引的方式读取对应索引的数据，有可能返回多条数据。

(2)通过方括号+下标值的方式读取对应下标值的数据，下标值的取值范围为：[0，len(Series. values)]；另外下标值也可以是负数，表示从右往左获取数据汇总汇总和计算描述。

Pandas 对象拥有一组常用的数学和统计方法。它们大部分都属于约简和汇总统计，

用于从 Series 中提取单个值(如 sum 或 mean)或从 DataFrame 的行或列中提取 Series。跟对应的 NumPy 数据方法相比，它们都是基于没有缺失数据的假设而构建。

接下来看一个 DatdFrame 的举例：

```
In:df=DataFrame([[1.4,np.nan],[7.1,-4.5],[np.nan,np.nan],[0.75,-1.3]],index=
['a','b','c','d'],
...:columns=['one','two'])
In:df
Out:
      One    two
a     1.40   NaN
b     7.10     -4.5
c     NaN    NaN
d     0.75   -1.3
```

(1)调用 DataFrame 的 sum 方法将会返回一个含有列小计的 Series

```
In:df.sum()
Out:
One     9.25
Two     -5.80
```

传入 axis=1 将会按行进行求和运算：

```
In [201]:df.sum(axis=1)
Out[201]:;
a     1.40
b     2.60
c     NaN
d     -0.55
```

NA 值会自动被排除，除非整个切片(这里指的是行或列)都是 NA。通过 skipna 选项可以禁用该功能：

```
In:df.mean(axis=1,skipna=False)
out:
a     NaN
b     1.300
c     NaN
d   -0.275
```

(2)describe 方法，它既不是约简型也不是累计型。describe 就是一个例子，它用于一次性产生多个汇总统计

```
In:df.describe()
```

```
Out:
AAPL      GOOG      IBM       MSFT
AAPL  0.001028  0.000303  0.000252  0.000309
GOOG  0.000303  0.000580  0.000142  0.000205
IBM   0.000252  0.000142  0.000367  0.000216
MSFT  0.000309  0.000205  0.000216  0.000516
```

10.4 Pandas 中的绘图函数

Pandas 有许多能够利用 DataFrame 对象数据组织特点来创建标准图表的高级绘图方法(这些函数的数量还在不断增加)。

1. 线型图

Series 和 DataFrame 都有一个用于生成各类图表的 plot 方法。默认情况下，它们所生成的是线型图。散点图如图 10-2 所示。

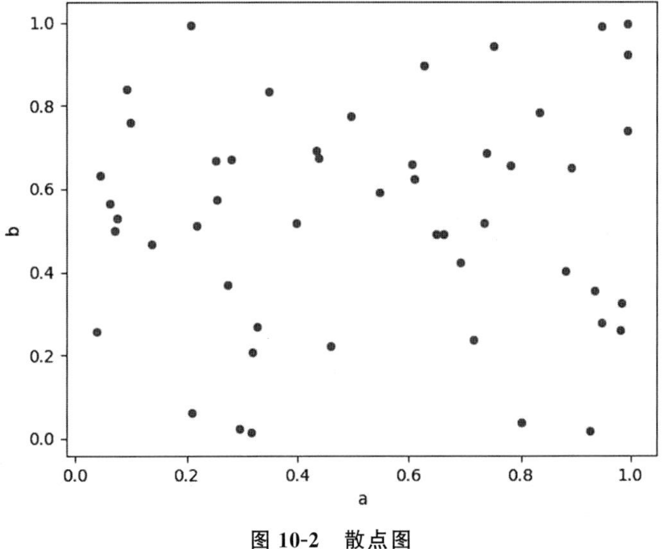

图 10-2 散点图

在探索式数据分析工作中，同时观察一组变量的散布图是很有意义的，这也被称为散布图矩阵(scatter plot matrix)。纯手工创建这样的图表很费工夫，所以 pandas 提供了一个能从 DataFrame 创建散布图矩阵的 scatter_matrix 函数。它还支持在对角线上放置各变量的直方图或密度图。

```
In:import pandas as pd
In:import numpy as np
In:df=pd.DataFrame(np.random.rand(50,4),columns=['a','b','c','d'])
In:df.plot.scatter(x='a',y='b')
```

例如：用下面代码所产生的图 10-3 所示的折线图。

```
In:s=pd.Series(np.random.randn(10).cumsum(),index=np.arange(o,100,10))
In:s.plot()
```

该 Series 对象的索引会被传给 matplotlib，并用以绘制 X 轴。可以通过 use _ index=False 禁用该功能。X 轴的刻度和界限可以通过 xticks 和 xlim 选项进行调节，Y 轴就用 yticks 和 ylim。

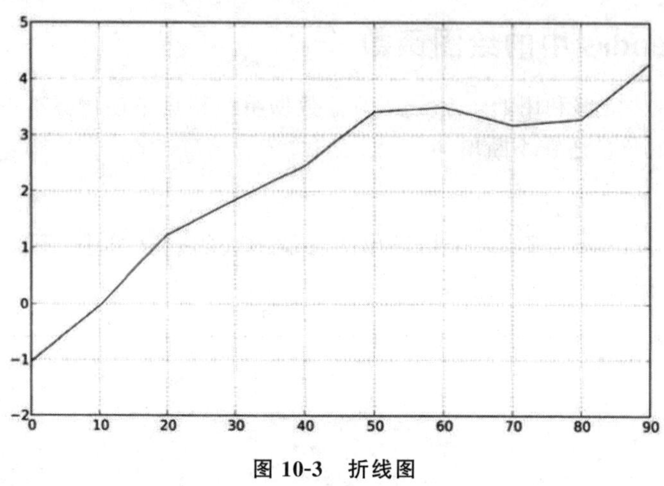

图 10-3　折线图

Pandas 的大部分绘图方法都有一个可选的 ax 参数，它可以是一个 matplotlib 的 subplot 对象。这使你能够在网格布局中更加灵活地处理 subplot 的位置。

DataFrame 的 plot 方法会在一个 subplot 中为各列绘制一条线，并自动创建图 10-4。

```
In:df=pd.DataFrame(np.random.randn(10,4).cumsum(0),
columns=['A','B','C','D'],index=np.arange(0,100,10))
In:df.plot()
```

注意：plot 的其他关键字参数会被传给相应的 matplotlib 绘图函数，所以要更深入地自定义图表，就必须学习更多有关 matplotlib API 的知识。

2. 柱状图

在生成线型图的代码中加上 kind=' bar '(垂直柱状图)或 kind=' barh '(水平柱状图)即可生成柱状图。这时，Series 和 DataFrame 的索引将会被用作 X(bar)或 Y(barh)刻度生成(图 10-5)。

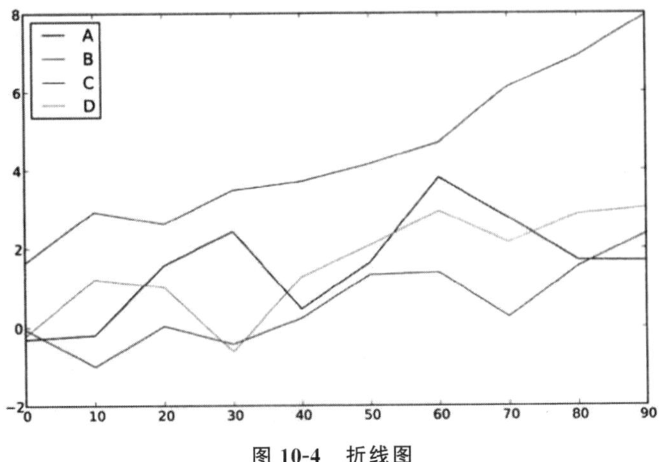

图 10-4 折线图

```
In:fig,axes=plt.subplots(2,1)
In:data=pd.Series(np.random.rand(16),index=list('abcdefghijklmnop'))
In ]:data.plot(kind='bar',ax=axes[0],color='k',alpha=0.7)
Out:<matplotlib.axes.Axessubplot at 0x4ee7750>
In:data.plot(kind='barh',ax=axes[1],color='k',alpha=0.7)
```

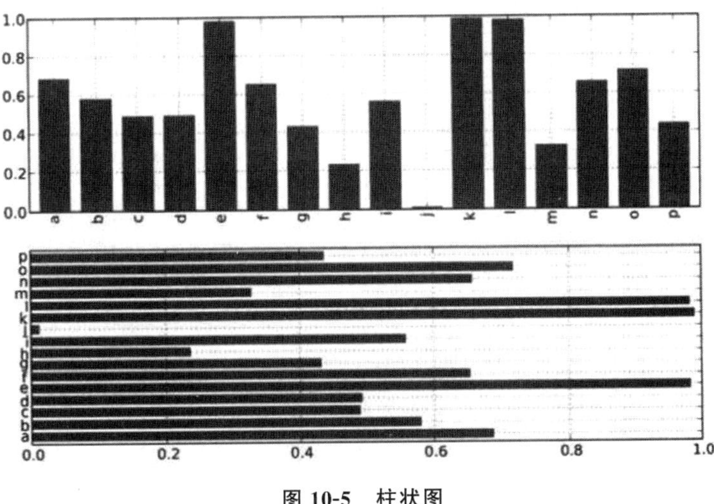

图 10-5 柱状图

对于 DataFrame，柱状图会将每一行的值分为一组，如图 10-6 所示。

```
In:df=pd.DataFrame(np.random.rand(6,4),
...:
index=['one','two','three','four','five','six'],
columns=pd.Index(['A','B','C','D'],name='Genus'))
In:df
```

```
Out:
Genus         A          B          C          D
one     0.301686   0.156333   0.371943   0.270731
two     0.750589   0.525587   0.689429   0.358974
three   0.381504   0.667707   0.473772   0.632528
four    0.942408   0.180186   0.708284   0.641783
five    0.840278   0.909589   0.010041   0.653207
six     0.062854   0.589813   0.811318   0.060217
In]:df.plot(kind=' bar')
```

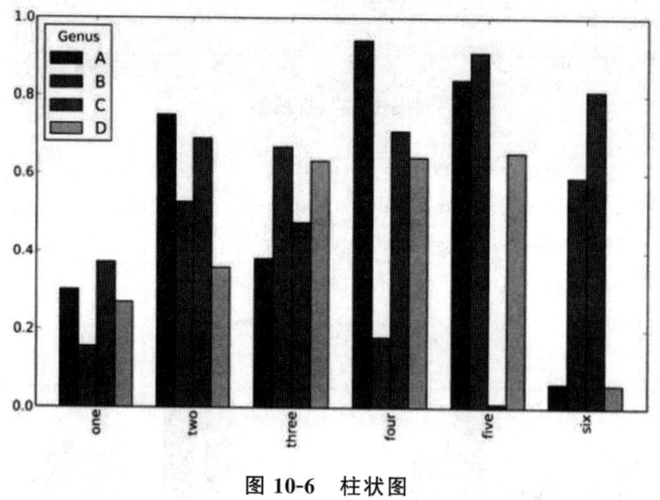

图 10-6　柱状图

10.5　商品数据分析

【例 10.1】用 Pandas 对商品数据进行分析。

分析：

文件名称：doc/chipo.csv

文件描述：每列数据分别代表：订单编号，订单数量，商品名称，商品详细选择项，商品总价格。

要求：

(1)统计列[item_name]中每种商品出现的频率，绘制柱状图(购买次数最多的商品排名，绘制前 5 条记录)。

(2)根据列[odrder_id] 分组，求出每个订单花费的总金额。

(3) 根据每笔订单的总金额和其商品的总数量画出散点图。

程序代码实现：

```
import pandas as pd
```

```
import numpy as np
from matplotlib import pyplot as plt
```

#统计列[item _ name]中每种商品出现的频率，绘制柱状图(购买次数最多的商品排名——绘制前 5 条记录)

```
goodsInfo=pd.read_csv('doc/chipo.csv')
```

new _ info 会统计每个商品名出现的次数；其中 Unnamed：0 就是我们需要获取的商品出现频率；

```
newInfo=goodsInfo.groupby('item_name').count()
mostRaiseGoods=newInfo.sort_values('Unnamed:0',ascending=False)['Unnamed:0'].
head(5)
# print(mostRaiseGoods,type(mostRaiseGoods))      # series 对象
# 获取对象中的商品名称；
x=mostRaiseGoods.index
# 获取商品出现的次数；
y=mostRaiseGoods.values
from  pyecharts import  Bar
bar=Bar("购买次数最多的商品排名")
bar.add("",x,y)
bar.render()
```

输出结果如图 10-7 所示。

```
商品名称显示:
 0              Chips and Fresh Tomato Salsa
1                                       Izze
2                           Nantucket Nectar
3     Chips and Tomatillo-Green Chili Salsa
4                               Chicken Bowl
Name: item_name, dtype: object
```

图 10-7 数据名称图

#根据列[odrder_id] 分组，求出每个订单花费的总金额、订单数量(quantity)、订单总价(item_price)。

#根据每笔订单的总金额和其商品的总数量画出散点图(如图 10-8 所示)

```
goodsInfo=pd.read_csv('doc/chipo.csv')
# 获取订单数量
quantity=goodsInfo.quantity
# 获取订单总价
item_price=goodsInfo.item_price \
    =goodsInfo.item_price.str.strip('$').astype(np.float)
```

```
# 根据列[odrder_id] 分组
order_group=goodsInfo.groupby("order_id")
# 每笔订单的总金额
x=order_group.item_price.sum()
# 商品的总数量
y=order_group.quantity.sum()
from pyecharts import  EffectScatter
scatter=EffectScatter("每笔订单的总金额和其商品的总数量关系散点图")
scatter.add("",x,y)
scatter.render()
```

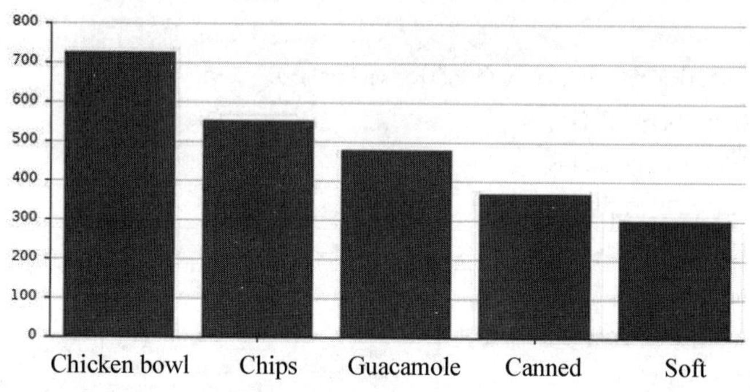

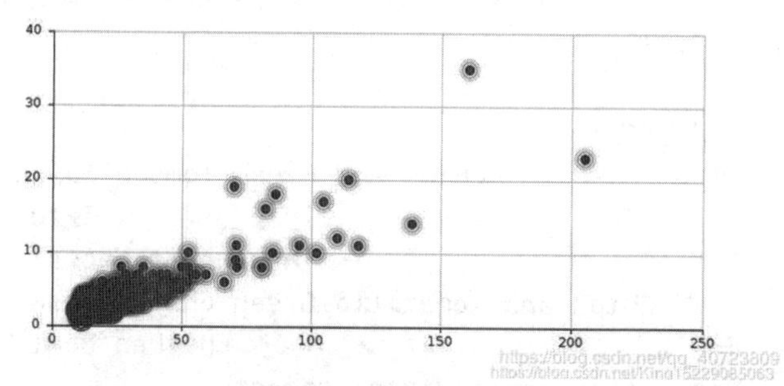

图 10-8　数据分析图

10.6　医院销售数据分析

10.6.1　数据分析的目的

数据分析是指用适当的统计分析方法对收集来的大量数据进行分析，提取有用信息和形成结论，对数据加以详细研究和概括总结的过程。

利用 Pandas 进行简单数据分析，以某医院 20××年销售数据为例，目的是了解该医院在这一年的销售情况。这就需要知道几个业务指标，如月均消费次数、月均消费金额、客单价以及消费趋势。

10.6.2 数据分析基本过程

数据分析基本过程包括：获取数据、数据清洗、构建模型及数据可视化。

1. 获取数据

Excel 中提供的数据部分截图，如图 10-9 所示。

	A	B	C	D	E	F	G
1	购药时间	社保卡号	商品编码	商品名称	销售数量	应收金额	实收金额
2	2018-01-01 星期五	001616528	236701	强力VC银翘片	6	82.8	69
3	2018-01-02 星期六	001616528	236701	清热解毒口服液	1	28	24.64
4	2018-01-06 星期三	0012602828	236701	感康	2	16.8	15
5	2018-01-11 星期一	0010070343428	236701	三九感冒灵	1	28	28
6	2018-01-15 星期五	00101554328	236701	三九感冒灵	8	224	208
7	2018-01-20 星期三	0013389528	236701	三九感冒灵	1	28	28
8	2018-01-31 星期日	00101464928	236701	三九感冒灵	2	56	56
9	2018-02-17 星期三	0011177328	236701	三九感冒灵	5	149	131.12
10	2018-02-22 星期一	0010065687828	236701	三九感冒灵	1	29.8	26.22
11	2018-02-24 星期三	0013389528	236701	三九感冒灵	4	119.2	104.89
12	2018-03-05 星期六	0010026389628	236701	三九感冒灵	2	59.6	59.6

图 10-9 待处理数据图

先导入包，然后读取文件，读取的时候用 object 读取，防止有些数据读不了。

```
In:import pandas as pd
In:# 读取数据(最好使用 object 类型读取)
data=pd.read_excel("医院 2018 年销售数据.xlsx",dtype="object")
In:# 修改为 DataFrame 格式
dataDF=pd.DataFrame(data)
In:dataDF.head()
Out:
购药时间    社保卡号    商品编码    商品名称    销售数量    应收金额 实收金额
2018-01-01 001616528    236701    强力 VC 银翘片    6    82.8    69
2018-01-02 001616528    236701    清热解毒口服液    1    28    24.64
2018-01-06 0012602828    236701    感康    2    16.8    15
In:# 查看数据的形状,即几行几列
...:dataDF.shape
Out:(6578,7)
In:# 查看索引
...:dataDF.index
Out:RangeIndex(start=0,stop=6578,step=1)
Ln:#查看每一列的列表头内容
  ...:dataDF.columns
Out:Index(['购药时间','社保卡号','商品编码','商品名称','销售数量','应收金额','实收金额'],
dtype='object')
```

```
In:# 查看每一列数据统计数目
   ...:dataDF.count()
Out:
购药时间    6576
社保卡号    6576
商品编码    6577
商品名称    6577
销售数量    6577
应收金额    6577
实收金额    6577
dtype:int64
```

总共有 6578 行 7 列数据，但是“购药时间”和“社保卡号”这两列只有 6576 个数据，而“商品编码”到“实收金额”这些列都是只有 6577 个数据，这就意味着数据中存在缺失值，可以推断出数据中存在一行缺失值，此外“购药时间”和“社保卡号”这两列都各自存在一个缺失数据，这些缺失数据在后面步骤中需要进一步处理。

2. 数据清洗

数据清洗过程包括：选择子集、列名重命名、缺失数据处理、数据类型转换、数据排序及异常值处理。

(1)选择子集

在获取到的数据中，可能数据量非常庞大，并不是每一列都有价值都需要分析，这时候就需要从整个数据中选取合适的子集进行分析，这样能从数据中获取最大价值。在本次案例中不需要选取子集，暂时可以忽略这一步。

(2)列名重命名

在数据分析过程中，有些列名和数据容易混淆或产生歧义，不利于数据分析，这时候需要把列名换成容易理解的名称，可以采用 rename 函数实现：

```
In:#使用 rename 函数,把"购药时间" 改为 "销售时间"
   ...:dataDF.rename(columns={"购药时间":"销售时间"},inplace=True)
   ...:dataDF.columns
Out:Index(['销售时间','社保卡号','商品编码','商品名称','销售数量','应收金额','实收金额'],
dtype='object')
```

(3)缺失数据处理

获取的数据中很有可能存在缺失值，通过查看基本信息可以推测“购药时间”和“社保卡号”这两列存在缺失值，如果不处理这些缺失值会干扰后面的数据分析结果。缺失数据常用的处理方式为删除含有缺失数据的记录或者利用算法去补全缺失数据。在本次案例中为求方便，直接使用 dropna 函数删除缺失数据，具体如下：

```
In:# 删除缺失值之前
   ...:dataDF.shape
Out:(6578,7)
In:# 使用 dropna 函数删除缺失值
   ...:dataDF=dataDF.dropna()

In:# 删除缺失值之后
   ...:dataDF.shape
Out:(6575,7)
```

(4)数据类型转换

在导入数据时为了防止导入不进来，会强制所有数据都是 object 类型，但实际数据分析过程中“销售数量”“应收金额”“实收金额”，这些列需要浮点型(float)数据，“销售时间”需要改成时间格式，因此需要对数据类型进行转换。

可以使用 astype()函数转为浮点型数据：

```
In:# 将字符串转为浮点型数据
   ...:dataDF["销售数量"]=dataDF["销售数量"].astype("f8")
   ...:dataDF["应收金额"]=dataDF["应收金额"].astype("f8")
   ...:dataDF["实收金额"]=dataDF["实收金额"].astype("f8")
   ...:dataDF.dtypes
Out:
销售时间      object
社保卡号      object
商品编码      object
商品名称      object
销售数量      float64
应收金额      float64
实收金额      float64
dtype:object
```

在“销售时间”这一列数据中存在星期这样的数据，但在数据分析过程中不需要用到，因此要把销售时间列中日期和星期使用 split 函数进行分割，分割后的时间，返回的是 Series 数据类型。

```
In:# 定义函数将星期去除
   ...:def splitsaletime(timeColser):
   ...:    timelist=[]
   ...:    for t in timeColser:
   ...:        timelist.append(t.split(" ")[0])   # [0]表示选取的分片,这里表示切割完后
                                                   选取第一个分片
```

```
...:      timeser=pd.Series(timelist)             # 将列表转行为一维数
...:      return timeser
In:# 获取"销售时间"这一列数据
  ...:t=dataDF.loc[:,"销售时间"]
  ...:# 调用函数去除星期,获取日期
  ...:timeser=splitsaletime(t)
  ...:# 修改"销售时间"这一列日期
  ...:dataDF.loc[:,"销售时间"]=timeser
  ...:dataDF.head()
Out:
销售时间   社保卡号   商品编码   商品名称   销售数量应收金额 实收金额
2018-01-01         001616528  236701  强力VC银翘片   6.0   82.8   69.00
2018-01-02         001616528  236701  清热解毒口服液  1.0   28.0   24.64
2018-01-06      0012602828   236701       感康        2.0   16.8   15.00
2018-01-11    0010070343428  236701     三九感冒灵     1.0   28.0   28.00
```

接着把切割后的日期转为时间格式,方便后面的数据统计:

```
In:#字符串转日期
  ...:# errors='coerce'如果原始数据不符合日期的格式,转换后的值为NaT
...:dataDF.loc[:,"销售时间"]=pd.to_datetime(dataDF.loc[:,"销售时间"],errors='
coerce')
  ...:dataDF.dtypes
Out:
销售时间      datetime64[ns]
社保卡号              object
商品编码              object
商品名称              object
销售数量             float64
应收金额             float64
实收金额             float64
dtype:object
In:# 转换日期过程中不符合日期格式的数值会被转换为空值None,
  ...:# 这里删除为空的行
  ...:dataDF=dataDF.dropna()
  ...:dataDF.shape
Out:(6549,7)
```

(5)数据排序

此时时间是没有按顺序排列的，所以还是需要排序一下，排序之后索引会被打乱，所以也需要重置一下索引。其中 by：表示按哪一列进行排序，ascending=True 表示升序排列，ascending=False 表示降序排列。

```
In:# 按销售时间进行升序排序
   ...:dataDF=dataDF.sort_values(by='销售时间',ascending=True)
   ...:dataDF.head()
Out:
销售时间   社保卡号   商品编码   商品名称   销售数量   应收金额   实收金额
2018-01-01   001616528   236701   强力 VC 银翘片   6.0      82.8      69.0
2018-01-01   0010616728   865099   硝苯地平片(心痛定)   2.0   3.4     3.0
2018-01-01 0010073966328 861409 非洛地平缓释片(波依定) 5.0   162.5   145.0
2018-01-01 0010014289328 866851 缬沙坦分散片(易达乐)   1.0   26.0   23.0
In:# 重置索引(index)
   ...:dataDF=dataDF.reset_index(drop=True)
   ...:dataDF.head()
Out:
销售时间   社保卡号   商品编码   商品名称   销售数量应收金额 实收金额
0 2018-01-01   001616528   236701   强力 VC 银翘片   6.0   82.8   69.0
1 2018-01-01   0010616728   865099 硝苯地平片(心痛定)   2.0   3.4     3.0
2 2018-01-01   0010073966328 861409 非洛地平缓释片(波依定) 5.0 62.5   145.0
```

(6)异常值处理

先查看数据的描述统计信息：

```
In:# 查看描述统计信息
   ...:dataDF.describe()
Out:
          销售数量          应收金额          实收金额
count   6549.000000   6549.000000   6549.000000
mean       2.384486     50.449076     46.284370
std        2.375227     87.696401     81.05842
min      -10.000000   -374.000000   -374.000000
25%        1.000000     14.000000     12.320000
50%        2.000000     28.000000     26.500000
75%        2.000000     59.600000     53.000000
max       50.000000   2950.000000   2650.000000
```

通过描述统计信息可以看到，“销售数量”“应收金额”“实收金额”这三列数据的最小值出现了负数，这明显不符合常理，数据中存在异常值的干扰，因此要对数据进一步处理，以排除异常值的影响。

```
In:# 将"销售数量"这一列中小于 0 的数排除掉
```

```
...:pop=dataDF.loc[:,"销售数量"] > 0
...:dataDF=dataDF.loc[pop,:]
In:# 排除异常值后再次查看描述统计信息
...:dataDF.describe()
Out:
        销售数量         应收金额          实收金额
count  6506.000000  6506.000000   6506.000000
mean      2.405626    50.927897     46.727653
std       2.364565    87.650282     80.997726
min       1.000000     1.200000      0.030000
25%       1.000000    14.000000     12.600000
50%       2.000000    28.000000     27.000000
75%       2.000000    59.600000     53.000000
max      50.000000  2950.000000   2650.000000
```

3. 构建模型及数据可视化

数据清洗完成后，需要利用数据构建模型(就是计算相应的业务指标)，并用可视化的方式呈现，如图 10-10 所示。

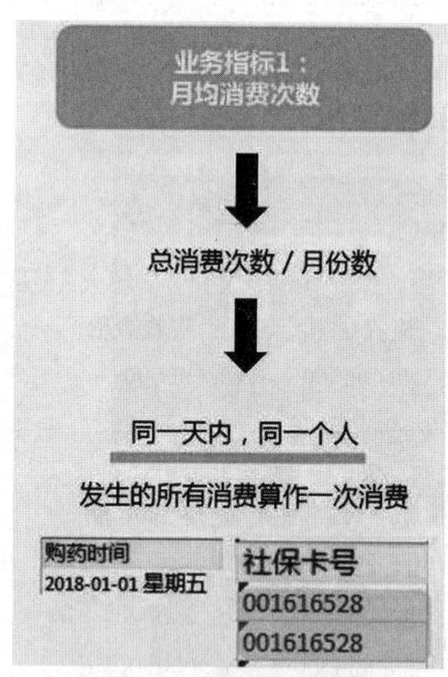

图 10-10　业务指标图

(1)业务指标 1：月均消费次数

月均消费次数=总消费次数/月份数

①计算总消费次数。

```
In:# 删除重复数据
```

```
   ...:kpi1_Df=dataDF.drop_duplicates(subset=['销售时间','社保卡号'])
In:#有多少行
   ...:totall=kpi1_Df.shape[0]
   ...:print('总消费次数:',totall)

总消费次数:5342
```

②计算月份数。

```
In:#按销售时间升序排序
   ...:kpi1_Df=kpi1_Df.sort_values(by='销售时间',ascending=True)
In:#重命名行名(index)
   ...:kpi1_Df=kpi1_Df.reset_index(drop=True)
In:#获取时间范围
   ...:#最小时间值
   ...:startTime=kpi1_Df.loc[0,'销售时间']
   ...:#最大时间值
   ...:endTime=kpi1_Df.loc[totall-1,'销售时间']

In:#计算天数
   ...:daysI=(endTime-startTime).days
In:#月份数:运算符"//"表示取整除,返回商的整数部分
   ...:monthsI=daysI//30
   ...:print('月份数:',monthsI)

月份数:6
```

③计算月均消费次数。

```
In:# 计算月均消费次数
   ...:kpi1_I=totall//monthsI
   ...:print('业务指标 1:月均消费次数=',kpi1_I)

业务指标 1:月均消费次数=890
```

(2)业务指标 2：月均消费金额

月均消费金额=总消费金额/月份数

```
In:# 总消费金额
   ...:totalMoneyF=dataDF.loc[:,'实收金额'].sum()

In:#月均消费金额
```

```
...:monthMoneyF=totalMoneyF/monthsI
    ...:print('业务指标 2:月均消费金额=',monthMoneyF)

业务指标 2:月均消费金额=50668.35166666666
```

(3)业务指标 3：客单价

```
客单价=总消费金额/总消费次
In:# 客单价=总消费金额/总消费次数
    ...:pct=totalMoneyF/totalI
    ...:print('业务指标 3:客单价=',pct)

业务指标 3:客单价=56.909417821040805
```

(4)业务指标 4：消费趋势

先导入相关的包：

```
In:import matplotlib.pyplot as plt
    ...:
    ...:# 画图时用于显示中文字符
    ...:from pylab import mpl
    ...:mpl.rcParams['font.sans-serif']=['SimHei']     # SimHei 是黑体的意思
In:#在操作之前先复制一份数据,防止影响清洗后的数据
    ...:groupDf=dataDF
```

①分析每天的消费金额。

```
In:#重命名行(index)为销售时间所在列的值
    ...:groupDf.index=groupDf['销售时间']
    ...:groupDf.head()
Out:
销售时间   社保卡号   商品编码   商品名称   销售数量   应收金额   实收金额
2018-01-01   001616528   236701   强力 VC 银翘片   6.0   82.8   69.0
2018-01-01   0010616728   865099   硝苯地平片(心痛定) 2.0   3.4    3.0
In:# 画图
    ...:plt.plot(groupDf['实收金额'])
    ...:plt.title('按天消费金额图')
    ...:plt.xlabel('时间')
    ...:plt.ylabel('实收金额')
Out:<matplotlib.text.Text at 0xe16a278>
In:# 保存图片
    ...:plt.savefig('./day.png')
```

```
...:# 显示图片
...:plt.show()
```

从图 10-11 可以看出，每天消费总额差异较大，除了个别天出现比较大笔的消费，大部分人消费情况维持在 500 元以内。

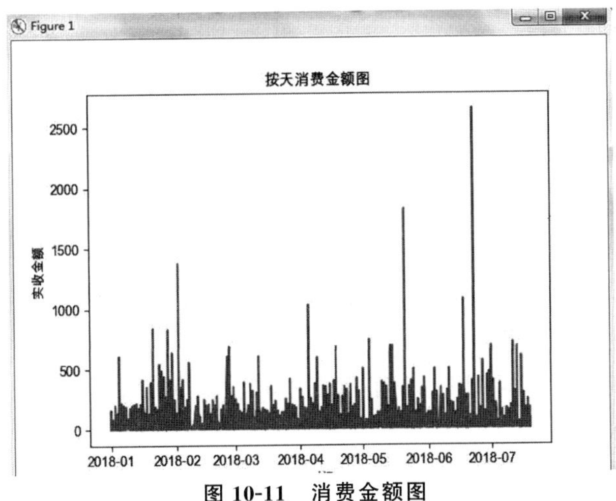

图 10-11　消费金额图

②分析每月的消费金额。

接下来，将销售时间先聚合再按月分组进行分析。

```
In:# 将销售时间聚合按月分组
   ...:gb=groupDf.groupby(groupDf.index.month)
   ...:gb
Out:<pandas.core.groupby.DataFrameGroupBy object at 0x000000000E184B38>


In:# 应用函数,计算每个月的消费总额
   ...:monthDf=gb.sum()
   ...:monthDf
Out:
销售时间  销售数量  应收金额  实收金额
1     2527.0   53561.6   49461.19
2     1858.0   42028.8   38790.38
3     2225.0   45318.0   41597.51
4     3005.0   54296.3   48787.84
5     2225.0   51263.4   46925.27
6     2328.0   52300.8   48327.70
7     1483.0   32568.0   30120.22
In:# 描绘按月消费金额图
```

```
...:plt.plot(monthDf['实收金额'])
...:plt.title('按月消费金额图')
...:plt.xlabel('月份')
...:plt.ylabel('实收金额')
Out:<matplotlib.text.Text at 0xe81d400>
In:# 保存图片
...:plt.savefig('./month.png')
...:# 显示图片
...:plt.show()
```

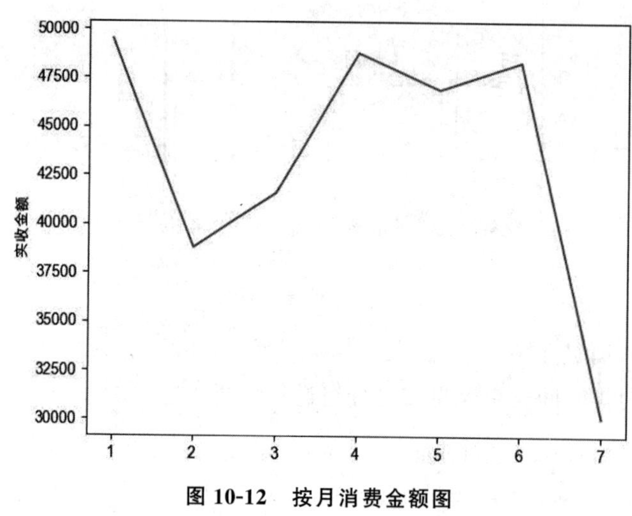

图 10-12　按月消费金额图

从图 10-12 中显示出，7 月消费金额最少，这是因为 7 月的数据不完整，所以不具参考价值。1 月、4 月、5 月和 6 月的月消费金额差异不大，2 月和 3 月的消费金额迅速降低，这可能是 2 月和 3 月处于春节期间，大部分人都回家过年的原因。

③分析药品销售情况。

对“商品名称”和“销售数量”这两列数据进行聚合为 Series 形式，方便后面统计，并按降序排序。

```
In:# 聚合统计各种药品的销售数量
...:medicine=groupDf[['商品名称','销售数量']]
...:bk=medicine.groupby('商品名称')[['销售数量']]
...:re_medicine=bk.sum()
In:# 对药品销售数量按降序排序
...:re_medicine=re_medicine.sort_values(by='销售数量',ascending=False)
...:re_medicine.head()
Out:
        商品名称              销售数量
```

```
苯磺酸氨氯地平片(安内真)    1781.0
开博通                      1440.0
酒石酸美托洛尔片(倍他乐克)  1140.0
硝苯地平片(心痛定)          825.0
苯磺酸氨氯地平片(络活喜)    796.0
```

截取销售数量最多的前十种药品，并用条形图展示结果：

```
In:# 截取销售数量最多的十种药品
   ...:top_medicine=re_medicine.iloc[:10,:]
   ...:top_medicine
Out:
          商品名称         销售数量
苯磺酸氨氯地平片(安内真)        1781.0
开博通                    1440.0
酒石酸美托洛尔片(倍他乐克)      1140.0
硝苯地平片(心痛定)            825.0
苯磺酸氨氯地平片(络活喜)        796.0
复方利血平片(复方降压片)        515.0
G 琥珀酸美托洛尔缓释片(倍他乐克)  509.0
缬沙坦胶囊(代文)              445.0
非洛地平缓释片(波依定)          375.0
高特灵                    366.0
In:# 用条形图展示销售数量前十的药品
   ...:top_medicine.plot(kind='bar')
   ...:plt.title('药品销售前十情况')
   ...:plt.xlabel('药品种类')
 ...:plt.ylabel('销售数量')
   ...:plt.legend(loc=0)
Out:<matplotlib.legend.Legend at 0xe456cf8>

In:# 保存图片
   ...:plt.savefig('./medicine.png')
   ...:# 显示图片
   ...:plt.show()
```

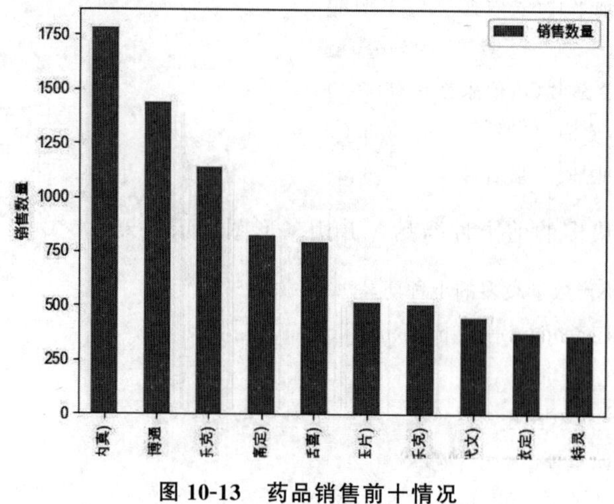

图 10-13　药品销售前十情况

从图 10-13 可得到销售数量最多的前十种药品信息，这些信息将会有助于加强医院对药房的管理。

本章小结

Pandas 是 Python 的一个数据分析包。随着人工智能的不断应用，Python 语言在数据分析方面发挥了强大的作用。本章讲述了 Pandas 的数据结构、Pandas 的绘图函数以及在数据分析方面的应用，通过商品数据分析和医院药品数据分析两个案例，使学习者充分体会 Python 在大数据开发方面的应用。

参考文献

[1]王小银，王曙燕．Python 程序设计与案例教程[M]．西安：西安电子科技大学出版社，2019.

[2]赵增敏，黄山珊，张瑞．Python 程序设计[M]．北京：机械工业出版社，2018.

[3]胡国胜，吴新星，陈辉．Python 程序设计案例教程[M]．北京：机械工业出版社，2018.

[4]董付国．Python 程序设计[M]．北京：清华大学出版社，2016.

[5]芒努斯・利・海特兰德．Python 基础教程[M]．北京：人民邮电出版社，2018.

[6]李立宗．OpenCV 轻松入门：面向 Python[M]．北京：电子工业出版社，2019.

[7]罗伯特・拉戈尼尔．OpenCV 计算机视觉编程攻略[M]．北京：人民邮电出版社，2015.